快·学习

快速跟进 学习参考

U0181798

坚持系统观念

■ 杨玉成 王千阁 编

中共党史出版社

图书在版编目（CIP）数据

坚持系统观念 / 杨玉成，王千阁编 . -- 北京：中共党史出版社，2021.10

（快·学习）

ISBN 978-7-5098-5945-2

Ⅰ.①坚… Ⅱ.①杨… ②王… Ⅲ.①系统哲学—研究 Ⅳ.① N94-02

中国版本图书馆 CIP 数据核字 (2021) 第 179673 号

启事： 本书选用部分作品尚未与有关作者、编者取得联系，我们深感不安。恳请有关权利人联系我社，我们将按相关规定支付稿酬。

（联系人：陈海平　电话：010—82517269）

出版发行：中共党史出版社

责任编辑： 王媛

责任校对： 申宁

责任印制： 段文超

社　　址： 北京市海淀区芙蓉里南街 6 号院 1 号楼

邮　　编： 100080

网　　址： www.dscbs.com

经　　销： 新华书店

印　　刷： 北京盛通印刷股份有限公司

开　　本： 160mm×230mm　1/16

字　　数： 130 千字

印　　张： 10.5

印　　数： 1—5000 册

版　　次： 2021 年 10 月第 1 版

印　　次： 2021 年 10 月第 1 次印刷

ISBN 978-7-5098-5945-2

定　　价： 32.00 元

此书如有印制质量问题，请与中共党史出版社出版部联系

电话：010 — 82517197

编者前言

习近平总书记在党的十九届五中全会上的重要讲话中指出："党的十八大以来，党中央坚持系统谋划、统筹推进党和国家各项事业，根据新的实践需要，形成一系列新布局和新方略，带领全党全国各族人民取得了历史性成就。在这个过程中，系统观念是具有基础性的思想和工作方法。"回顾中外思想史可以发现，系统观念源远流长；回顾马克思主义发展史尤其是中国化的马克思主义发展史可以发现，系统观念是马克思主义唯物辩证法的重要组成部分。在中国共产党人领导中国革命、建设和改革的历程中，坚持系统观念是历代中国共产党人善于使用的重要思想和工作方法，尤其是党的十八大以来以习近平同志为核心的党中央总揽全局的基础性思想和工作方法。

在习近平新时代中国特色社会主义思想方法论中，系统观念处于基础性地位。从哲学角度看，系统观念既是本体论观念，也是方法论观念。正是事物特别是社会事物本身的系统存在方式，要求我们的思维必须以相应的方式、方法认识和对待它们。由于系统既是要素的集合体，又是过程的集合体，这就要求各级领导干部在认识和处理系统性任务或全局性工作时，必须运用"高瞻远瞩、统揽全局，善于把握事物发展总体趋势和方向"的战略思维方法，进行全局谋划和长远谋划；必须运用"知古鉴今，善于运用历史眼光认识发展规律、把握前进方向、指导现实工作"的历史思维方法，正确处理继承与创新的关系，贯通过去、现在和未来；必须运用"发展地而不是静止地、全面地而不是片面地、系统地而不是零散地、普遍联系地而不是孤立地观察事物、分析问题、解决问题，在矛盾双方对立统一的过程中把握事物发展规律"的辩证思维方法，正确处理整体与局部、局部与局部、系统与环境之间的辩证关系；必须运用"破除迷信，超越陈规，善于因时制宜、知难而进、开拓创新"的创新思维方法，引导和促进系统功能不断优化升级；必须运用"增强尊法学法守法用法意识、善于运用法治方式治国理政"的法治思维方法，保障整个经济社会系统在法治轨道上良性运行；必须运用"客观地设定最低目标，立足最低点，争取最大期望值"的底线思维方法，防范和化解风险，保障整个经济社会平稳运行。由此可见，系统观念是习近平总书记一再强调的"六大思维"（即战略思维、历史思维、辩证思维、创新思维、法治思维、底线思维）的重要支撑。正是在这个意义上说，系统观念是基础性的思想和工作方法。明确系统观念在习近平新时代中国特色社会主义思想方法论中的基础性地位，可以提高广大党员干部掌握和运用系统观念的自觉性和主动性。在我国进入全面建设社会主义现代化国家新阶段后，历史任务的"全面性"也要求广大干部更加自觉地掌握和运用"坚持系统观念"这一基础性的思想和工作方法。

有鉴于系统观念在习近平新时代中国特色社会主义思想方法论中的重要位置和广大干部迫切的学习需求，我们不揣陋识，辑录了马克思主义相关经典论述和国内学界的有关研究成果，编成《坚持系统观念》一书，从经典论述、思想源流、一脉相承、当代思考和实践探索等多维视角展示了系统观念的理论资源和实践运用，勾画了系统观念的产生和演变过程，尤其是描绘了中国共产党人对系统观念的实质性坚持和运用，以期为广大干部学习和运用系统观念提供有益的参考。

杨玉成

2021 年 8 月 6 日

目 录

目录

一、经典论述

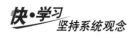

　　这种有机体制本身作为一个总体有自己的各种前提，而它向总体的发展过程就在于：使社会的一切要素从属于自己，或者把自己还缺乏的器官从社会中创造出来。有机体制在历史上就是这样生成为总体的，生成为这种总体是它的过程即它的发展的一个要素。

　　　　——马克思:《1857—1858 经济学手稿·笔记本 II·政治经济学批判》

　　我们所接触到的整个自然界构成一个体系，即各种物体相互联系的总体。

　　　　——恩格斯:《自然辩证法》(1873—1882)

　　当我们通过思维来考察自然界或人类历史或我们自己的精神活动的时候，首先呈现在我们眼前的，是一幅由种种联系和相互作用无穷无尽地交织起来的画面。

　　　　——恩格斯:《反杜林论》(1876—1878)

　　关于自然界所有过程都处于一种系统联系中的认识，推动科学到处从个别部分和整体上去证明这种系统联系。

　　　　——恩格斯:《反杜林论》(1876—1878)

　　由于这三大发现和自然科学的其他巨大进步，我们现在不仅能够指出自然界中各个领域内的过程之间的联系，而且总的说来也能指出各个领域之间的联系了，这样，我们就能够依靠自然科学本身所提供的事实，以近乎系统的形式描绘出一幅自然界的清晰图画。

　　　　——恩格斯:《费尔巴哈论》(1888)

　　每个事物（现象等等）的关系不仅是多种多样的，并且是一般的、普遍的。每个事物（现象、过程等等）是和其他的每个事物联系着的。

——列宁:《辩证法的要素》(1914年)

如果某项意见在局部的情形看来是可行的,而在全局的情形看来是不可行的,就应以局部服从全局。反之也是一样……这就是照顾全局的观点。

——毛泽东:《中国共产党在民族战争中的地位》(1938年10月14日)

改革是全面的改革,包括经济体制改革、政治体制改革和相应的其他各个领域的改革。开放是对世界所有国家开放,对各种类型的国家开放。

——邓小平:《改革的步子要加快》(1987年6月12日)

我们要善于统观全局,精心谋划,从整体上把握改革、发展、稳定之间的内在关系,做到相互协调、相互促进。

——江泽民:《正确处理社会主义现代化建设中的若干重大关系》
(1995年9月28日)

必须更加自觉地把全面协调可持续作为深入贯彻落实科学发展观的基本要求,全面落实经济建设、政治建设、文化建设、社会建设、生态文明建设五位一体总体布局,促进现代化建设各方面相协调,促进生产关系与生产力、上层建筑与经济基础相协调,不断开拓生产发展、生活富裕、生态良好的文明发展道路。必须更加自觉地把统筹兼顾作为深入贯彻落实科学发展观的根本方法,坚持一切从实际出发,正确认识和妥善处理中国特色社会主义事业中的重大关系,统筹改革发展稳定、内政外交国防、治党治国治军各方面工作,统筹城乡发展、区域发展、经济社会发展、人与自然和谐发展、国内发展和对外开放,统筹各方面利益关系,

— 3 —

充分调动各方面积极性，努力形成全体人民各尽其能、各得其所而又和谐相处的局面。

胡锦涛:《坚定不移沿着中国特色社会主义道路前进　为全面建成小康社会而奋斗——在中国共产党第十八次全国代表大会上的报告》

（2012 年 11 月 8 日）

领导干部要树立系统和整体观念，增强全国一盘棋意识，在关系全局的重大原则问题上必须以全局利益为重，服从全局、服务全局。

——习近平:《关于干部队伍建设的几点思考》（2009 年 3 月 1 日）

我们的主要历史任务是完善和发展中国特色社会主义制度，为党和国家事业发展、为人民幸福安康、为社会和谐稳定、为国家长治久安提供一整套更完备、更稳定、更管用的制度体系。这项工程极为宏大，零敲碎打调整不行，碎片化修补也不行，必须是全面的系统的改革和改进，是各领域改革和改进的联动和集成，在国家治理体系和治理能力现代化上形成总体效应、取得总体效果。

——习近平:《在省部级主要领导干部学习贯彻党的十八届三中全会精神全面深化改革专题研讨班上的讲话》（2014 年 2 月 17 日）

这五大发展理念相互贯通、相互促进，是具有内在联系的集合体，要统一贯彻，不能顾此失彼，也不能相互替代。哪一个发展理念贯彻不到位，发展进程都会受到影响。全党同志一定要提高统一贯彻五大发展理念的能力和水平，不断开拓发展新境界。

——习近平:《在党的十八届五中全会第二次全体会议上的讲话》

（2015 年 10 月 29 日）

要坚持系统的观点，依照新发展理念的整体性和关联性进行系统设计，做到相互促进、齐头并进，不能单打独斗、顾此失彼，不能偏执一方、畸轻畸重。

——习近平:《在省部级主要领导干部学习贯彻党的十八届五中全会精神
专题研讨班上的讲话》（2016 年 1 月 18 日）

现代化经济体系，是由社会经济活动各个环节、各个层面、各个领域的相互关系和内在联系构成的一个有机整体。

——习近平:《加快建设现代化经济体系》（2018 年 1 月 30 日）

党的领导必须是全面的、系统的、整体的，必须体现到经济建设、政治建设、文化建设、社会建设、生态文明建设和国防军队、祖国统一、外交工作、党的建设等各方面。

——习近平:《切实把思想统一到党的十九届三中全会精神上来》
（2018 年 2 月 28 日）

全面依法治国是一个系统工程，必须统筹兼顾、把握重点、整体谋划，更加注重系统性、整体性、协同性。

——习近平:《加强党对全面依法治国的领导》（2018 年 8 月 24 日）

落实党的十八届三中全会以来中央确定的各项改革任务，前期重点是夯基垒台、立柱架梁，中期重点在全面推进、积厚成势，现在要把着力点放到加强系统集成、协同高效上来，巩固和深化这些年来我们在解决体制性障碍、机制性梗阻、政策性创新方面取得的改革成果，推动各方面制度更加成熟更加定型。

——习近平:《在中央全面深化改革委员会第十次会议上的讲话要点》
（2019 年 9 月 9 日）

坚持系统观念。加强前瞻性思考、全局性谋划、战略性布局、整体性推进，统筹国内国际两个大局，办好发展安全两件大事，坚持全国一盘棋，更好发挥中央、地方和各方面积极性，着力固根基、扬优势、补短板、强弱项，注重防范化解重大风险挑战，实现发展质量、结构、规模、速度、效益、安全相统一。

——《中共中央关于制定国民经济和社会发展第十四个五年规划和二〇三五年远景目标的建议》（2020 年 10 月）

党的十八大以来，党中央坚持系统谋划、统筹推进党和国家各项事业，根据新的实践需要，形成一系列新布局和新方略，带领全党全国各族人民取得了历史性成就。在这个过程中，系统观念是具有基础性的思想和工作方法。

——习近平:《关于〈中共中央关于制定国民经济和社会发展第十四个五年规划和二〇三五年远景目标的建议〉的说明》（2020 年 10 月）

二、思想源流

中国古代系统思想的基本骨架 *

黄发玉

中国古代文化有着极为丰富的系统思想，这个问题近些年已引起国内外学者的注意。中国古代系统思想的基本骨架或基本体系如何，有人提出五行说或八卦说就是中国古代的系统论，笔者对此类观点不敢苟同。我们认为，中国古代系统思想的基本骨架潜藏于中国古代文化的各家各派各说之中，诸如五行、阴阳、八卦各说只是中国古代系统思想产生的理论渊源而已，如果取其中某家某派某说当作古代系统论，不仅有牵强附会之嫌，而且有挂一漏万之虞。应该从对整个中国文化各家各派各说的研究之中勾勒出中国古代系统思想的骨架。据笔者初步探讨，中国古代系统思想由四大基本形态和十大基本观念构成。

一、中国古代系统思想的四大基本形态

中国古代文化之中，似有四种形态的朴素系统论，即宇宙系统论、社会系统论、人体系统论和认识系统论。

内容最为庞富的是宇宙系统论。这又包括宇宙一体论、宇宙生成论、宇宙结构论、人天系统论。宇宙一体论旨在追求宇宙

---

* 选自《齐鲁学刊》1993 年第 2 期。

的统一性，它把宇宙万物当作一个相互联系有着共同本原的有机整体。中国古代宇宙一体论学派众多，然而其目的相同。有影响巨大、占有主导地位的气论，有影响极小、昙花一现的水论、土论，有别具特色的道论，有源远流长的五行说、八卦说。这些理论从各自不同的角度把宇宙看成是一个基始于某种或某几种东西的统一体。宇宙生成论把宇宙看成是一个生成、发展的系统，不同的宇宙生成论对其生成和发展的方式和途径有着自己不同的看法，但是占主导地位的观点仍然是认为宇宙是一个由简单到复杂、由低级到高级的生成系统。"道生一、一生二、二生三、三生万物"。太极演阴阳，阴阳演四象，四象演八卦，八演为十六，十六演为三十二，三十二演为六十四。以此类推，愈演愈繁。无论是哪家，都异曲同工地描述了宇宙的这种生成和演化途径。如果说宇宙生成论是从纵向的角度描述了宇宙系统，那么宇宙结构论则从横向的角度论述了宇宙系统。天文学中的盖天说、浑天说、宣夜说提出三种不同的宇宙结构理论，哲学中的五行说、八卦说以及其他各家各说，则按照自己的法则来建构宇宙模型，诸多的天文学理论为中国人宏观地整体地把握宇宙提供了思想框架。在中国古代系统思想中占有极其重要地位的是人天系统论即天人合一说。天人合一是中国哲学的中心命题，也是中国文化的本质特征所在。人是自然的一部分，人与自然万物同根同源同构，因此人与自然息息相关、互相感应，形成一个具有内在联系的有机的整体。也正因为人来自于大自然的造化，人也就离不开自然，就应该顺应自然，与自然保持和睦的关系。天人合一说有唯物主义的，也有唯心主义的；有科学的成分，有时也带有神秘的色彩。

目标最为世俗的是社会系统论。社会系统论（包括社会控制论）以孔子的仁学为核心，形成了一套完整的理论。除孔子儒学之外，其他各家也提供了一定的社会系统论思想。由于古代中国是一个家族主义、宗法主义、专制主义的国家，因此中国古代社会系统论有着极为浓郁的大一统色彩。这种社会系统论极为重视社会整体、社会关系、社会和谐和社会控制。儒家认为，社会是由人构成的整体，但是人在儒家那里缺乏独立的意义，而只是封建社会大系统中的一个成员，是君臣、父子、兄弟、夫妇、朋友这个大网上的一个纽结，个人的存在，是为了维护这个社会大系统、大网络的存在。这种整体观片面强调整体，忽视了个人即要素的独立价值。这种社会整体是通过一系列社会关系而形成的，每个人都处于一定的关系之中，如果这种关系发生了变化，社会整体将不复存在，因此儒家极为重视人与人之间的既定的关系。这就是君君、臣臣、父父、子子。如此等等。"父子有亲，君臣有义，夫妇有别，长幼有序，朋友有信"（《孟子·滕文公上》）。这就是儒家所认为的社会成员之间应有的关系。维持了这种关系，就能保证社会整体的稳定与和谐。社会关系如此复杂，归根结底为人我关系。所谓"世道唯人与我"（赫敬《孟子解说》卷六），"春秋之所治，人与我也"（董仲舒《春秋繁露·仁义法》）。因此正确处理好人我关系，即能达到社会的稳定与和谐。处理好人我关系的根本准则就是"仁"。对己而言，"克己复礼为仁"，对人而言，"仁者爱人"（《论语·颜渊》）。二者指为善之举，仁还隐含自己的对应面，即恶恶之举，此乃义。"羞恶之心，义也"（《孟子·告子上》）。羞，耻自己之不善；恶，憎别人之不善。因此仁与义是调节人我关系的两种对应准则，由此而达到社会的安定与稳定。由仁出发，儒家提出了一系列维护社会稳定、处理人事关系的道德规范，其中最为重要的是礼，此外还有忠、孝、智、信、恕、悌等。与仁义相呼应，儒家提出了以德和刑两种手段来统治人民即控制社会的主张。这样就形成了儒家学说的一整套社会系统论的思想。

成就最高的是人体系统论。这种系统论的表现形式是中医理论。中医理论从生理、病理到诊断治疗，从思想到方法，构成了一个具有中国特色的人体系统理论。中医的人体系统论分为两大部分内容，一是人体本身的系统理论，二是人体与自然界关系的系统理论。中医首先把人体本身看成是一个有机的系统，并在此基础上建立起自己的理论。从生理方面看，中医认为，人的身体各个部分之间是相互联系的，各部分相互分工协作，相互协调补充，从而形成一个有机的功能系统。从病理上看，中医在分析疾病的病因病机时，注意从整体把握，注重病变之间的相互影响以及病变部位对全身的影响，考察整个机体所表现出的反应。从诊断治疗看，中医把人体当作一个全息系统，由表及里，由局部推导全局，由外部功能分析内在结构，从而诊断其疾病，并通过整体治疗，达到消除疾病的目的。把人体本身看成一个有机系统的同时，中医还强调人体与自然环境的整体关系。对这种整体关系的理解，是中医学赖以建立的重要基础。从生理上看，人的机体的适应能力、限度以及运行方式都与自然界相通应，人的生理调节、生物节律也与自然界相适应。从病理上看，中医考察了由于自然环境的变迁、气候的变化、季节的更替、甚至时辰的不同而对人体机能的扰动，对病状的影响。在诊断治疗方面，中医注意从人的内外环境来把握疾病，并在此基础上进行适当的治疗。总之，中医人体系统论是一个为千百年的实践所证明的富有成效的理论。

形态最为隐含的是认知系统论。在中国古代文化中，潜藏着一种认知系统理论，这个理论的基本命题是物我合一（主客合一）、知行合一。其中物我合一是中心命题，它表达了中国古代哲学认识论的基本立场和出发点。在中国先哲看来，物我本属一体，内外原无判隔。所谓"万物皆备于我"（孟子），"天地与我并生，万物与我为一"（庄子），"吾心便是宇宙，宇宙便是吾心"（陆九渊），等等。这种物我合一的世界观决定了中国人具有一种把握乾坤的包容能力，具有一种心存万物的博大胸襟，也决定了中国人具有独特的认识事物的方式和道路以及独特的审美观。就认识的方式和道路而言，知行合一成为中国哲学的重要命题，内省静观成为中国人的根本的认识方式。知即行，行即知，意念发动处，就是行了。知行合一论的认识论与内省静观的方法论是必然联系在一起的，中国先哲极为注重内省、静观、玄览、顿悟一类的认识方式，注重个人的道德修养和内心体验，并以此代替改造对象、身体力行的实践，"不出户，知天下"（老子），"吾日三省吾身"（曾子），通过内心的省察去把握宇宙万物。就审美而言，中国艺术讲究情景合一，意境统一，强调艺术与客观对象、与现实生活的一体化，诗言志、词表情、文载道。注重文学艺术对现实、对社会、对人生的影响和感染，同时也注重后者对艺术的影响和制约，所谓文如其人、书如其人、画如其人。在艺术表现手法上，追求情景、意境的统一和谐与交融。于是艺术品的虚实之间形成一种有机的联系。出现象外之象、景外之景的艺术效果。总之，由于中国艺术所基于的哲学世界观和认识论具有系统论的思想，这使中国艺术能将物我、主客、情景、意境、形神、虚实等等对立的两极有机地统一起来，使艺术作品呈现出一种具有综合效应的系统质。

上述中国古代系统论思想的四种形态，既各自独立，又相互联系，由此形成一个有机的整体，对中国文化产生了根本的影响，使中国文化呈现出自己特有的面貌和特征。宇宙系统论最为基本，它决定和影响着后几种形态的系统论，后几种形态又从不同的侧面展开和体现了第一种形态的思想。

二、中国古代系统思想的十大基本观念

无论上述哪一种系统论形态，都包含着丰富的系统观念，这些观念主要有以下十种，这十种观念作为中国古代系统论的核心"纽结"，使每个形态的系统论都成为一个内容博富的理论网络，

并使各个形态的系统之间相互观照、相互印证。

整体观念 与现代系统论一样，整体观念在中国古代系统思想中占居首要的地位。中国先哲把宇宙、自然、社会、人体乃至动物、植物都看成一个整体，因而有着极为丰富的一体论的思想。不仅如此，先哲还注重把一个事物与其环境一起看成一个紧密联系的整体，例如，社会与自然环境，人与自然，人与社会环境等等，通过这种关系来把握事物。更为突出的是，先哲特别注重两个相互对立事物或现象之间的互不可分的关系，将二者看成一个合二而一的整体，由此提出了一系列命题，如天人合一、知行合一、情景合一，又如有无相生、阴阳互补等等。

有机观念 整体是由事物之间的有机联系构成的。有机观念是中国古代系统思想的极为重要的观念，在一定程度上它被看成是中国古代系统思想的代名词。正因为如此，很多著名学者将中国古代哲学称为有机唯物主义。中国哲学强调事物之间的相互关联、相互作用，认为事物绝不可能孤立存在。人被视为宇宙万物的有机组成部分，而不是看成超自然的某种东西的创造物。有机观念对中国的化学、医学和农学产生了极大的影响，中国的农业被外国学者称为有机农业。中国的有机论哲学对近代的莱布尼茨有极大的影响，据考证，他的有机论单子论与中国有机哲学有着密切的联系。李约瑟则将中国的有机观念称为"关联式的思考"或"联想式的思考"。

连续观念 正因为物物之间存在着一种不可分割的有机联系，因而，万物都是宇宙链条上的环节，而宇宙则是一个由低级到高级的连续不断的序列体系。从无机界到有机界；从生物、植物、动物到人类；小至草木沙石，大至沧海巨洲，都是宇宙长河中相互连接的实体。中国哲学认为，万事万物之间不存在不可逾越的鸿沟或截然分开的界限。物物相连，前仆后继，奔腾不息，由此构成无限的宇宙巨流。中国古代的连续观念的思想基础在于，气是万物的本原，气在本质上是一种具有连续性的客观实在。

动态观念　宇宙之所以是一个连续的序列，其原因在于宇宙有一个生成的过程，它从最初的一（或太极、道、元气等）发展到后来的五光十色、千奇百怪、万品亿态的大千世界。这个发展过程决定了现实世界的万事万物都是一个动态过程。动态观念是中国哲学的基本观念之一，作为我国文化的重要渊源的易学和五行说很明显地表现出这一点。《易经》之"易"即变易，五行之"行"即运行。没有变易和运行的观念，也就没有《易经》学说和五行学说，中国文化也就改变了模样。《易经》中的阴阳交感，从而导致事物变化，五行中的相生相克，从而形成系统的动态平衡观念，是中国古代系统思想的重要内容。

结构观念　系统的核心是结构，结构合理才能整体优化。中国哲学十分重视事物的内外关系而不注重事物的质料，通过这种种关系即结构（包括层次、等级）来把握事物。五行说、八卦说建构了宇宙万物的结构模型。以孔子仁学为核心的伦理社会学说为社会结构的建构提供了一整套理论，中医学建立了一套与西医截然不同的人体结构理论。因此，从微观的人体内部构成，到宏观的宇宙天体，上自皇帝大臣，下至布衣百姓，都被我们的祖先安排得井井有条，万事万物都有自己固定的位置，它们各就其位、各司其职。值得专门一提的是，千百年来为人们所困惑的，传说是八卦起源的河图、洛书，用十个自然数，组成两种不同的结构图式，竟衍生出无穷的哲理和数理思想。幻方（即魔方）起源于中国，幻方之变即结构的变换。最早的幻方恐怕是河图、洛书。

功能观念　五行学说之所以能发展为中国人把握宇宙万物的系统图式，重要的方法论根据在于它把五行不单纯理解为五种具体的物质，而是当作表示事物功能（或属性、特征）的抽象概念，并且推而广之。正因为五行的功能属性各不相同，才有相生相克的关系，从而形成一个特定的结构模式，由此推及宇宙万物。五行学说将研究的对象系统分为五个子系统，并将其分别赋予不同的功能属性，归属于五行之中，然后用五行基本结构模式的内在关系来解释上述对象系统。这是一种"比象取类"的方法，这种方法在中国古代文化中有着极为重要的意义，八卦理论也运用了这种方法来说明宇宙万物。

同构观念 同构观念的产生与"比象取类"方法的运用是紧密相连的。正因为宇宙万物可以根据其功能属性划归为五个（或八个）不同的类别，因此也就意味着宇宙具有无数个同构的子系统。就五行而言，人有五脏、五腑、五官、五志、五声等同构系统，自然界有五季、五方、五气、五化、五色、五味、五音等同构系统。就八卦而言，方位系统、人伦系统、动物系统、状态系统等又都由八个部分构成。这样，五行或八卦结构对于其他同构子系统来说，就具有原始的元结构的代表意义。此外，中国哲学中还有关于人天同构的思想，具有典型意义的是董仲舒的人副天数说，这种理论认为人是天的副本，人天结构一一对应，不仅形体，而且情感、精神都是如此。其神秘色彩不言而喻。正因为具有同构关系，各子系统之间，天人之间便互相影响，互相感应，从而形成一个互相作用的宇宙大系统。

全息观念 同构观念已经蕴含了一部分全息观念。全息思想是近几年提出的系统论的一个重要理论，在中国古代文化中，也早已出现全息思想的萌芽。天人合一、人副天数、宇宙便是吾心等等，都意在说明，人作为宇宙的一部分，却携带着宇宙整体的信息。人是一个宇宙，这种观点在中国古代广为流传。此外，道家的道与德之关系，佛教的月印万川的理论，理学的理一分殊的命题，都从不同角度表达了全息思想。全息思想是我国古代中医藏象学说得以建立的基础。人体是一个具有内在有机联系的整体，各个部分相互依存，相互影响，因此，每个部分都隐含着其他部分以及整个身体的信息，通过人的外部器官可以了解内部器官的生理或病理状况，根据某一局部的变化，可以判断全身的状况。

和谐观念 "和谐"或"和""中和"是东方文化的精髓。和谐思想在中国传统文化中内容极为丰富，意义极为重要。中国哲学认为，和谐是事物生成和发展的基本条件，和谐是事物运行的正常状态和终极目标。在古代各派学说中，道家更为侧重于追求人与自然的和谐，主体与客体的和谐；儒家更为注重人与社会的和谐，人与人的和谐。仁是人与人之间，人与社会之间的和谐的途径，道是调整人与自然关系的准则，使二者达到和谐一致。所谓和谐，就是多样性的有机统一。和谐之谓美，和谐产生美。中国先哲尤其注重追求对立面的统一和谐。这是和谐的最高表现形式。中国古代和谐思想集中体现在"天人合一""知行合一""情景合一"这三个命题上。和谐可以说是中国传统文化追求真、善、美的最高境界。

优化观念 优化是系统论追求的目标所在，也是中国文化的基本观念之一。优化观念与和谐观念密切相连，只有和谐，才能达到优化。中国哲人已经认识到，优化是事物发展的客观趋势。"凡草土之道，各有穀造"（穀即好，穀造即好的归趋）（《管子·地员》）。优化也是人追求的目标。"圣王为政"，"用财不费，及德不劳"（《墨子·节用》）。这是治国。孙子提倡"必以全争于天下"，即要争取政治、军事、经济的全胜，主张"合于利而动，不合于利而止"（《孙子·火攻》）。这是军事。"顺天时，量地利，则用力少而成功多"（贾思勰《齐民要术》）。这是农事。即使在占卜中，也有优化思想。占卜的结果并不简单就是吉或凶，而是若干个等级，人们在占卜时，总是尽量争取较好的结果，避免较差的结果。如何达到事物的优化呢？这就是要按客观规律办事，要处事合理。儒家提出了社会达到最佳状态的途径，这就是奉行中庸之道，中即不偏不倚，无过而无不及，将事物维持在一定的度内，就能达到其目的。

［作者为深圳市社科院（社科联）原副院长（副主席），研究员］

西方传统系统思想[*]

魏宏森　　曾国屏

在人们自觉认识到系统思想之前，人们就在进行着系统思维。在西方传统思维中，特别是在近代科学中，分析的方法长期占有突出的主导地位，可是其中也不乏系统思维方法，也有许多系统思想的东西闪闪发光。

一、古希腊的系统思想

古希腊哲学是以宇宙体系论时期开始的。名垂青史的米利都学派开创了这一时期。泰勒斯提出了"水是万物的始基"这一命题，试图通过找出万物的始基来整体地把握世界。按照泰勒斯，世界在不断地运动和循环变化之中，生生不息的世界具有统一性，是可以通过把握其始基来整体地把握的。

稍后的毕达哥拉斯学派则提出"数是万物的始基"的命题，数学体系就反映了宇宙体系，数学结构就代表了宇宙结构，数学关系就代表了宇宙自然过程。

古希腊朴素辩证法的奠基人赫拉克利特认为，世界万物的始基是火，一切都是火的变形，火变成万物，万物复归于火。这个

---

* 节选自魏宏森、曾国屏:《系统论——系统科学哲学》，题目为编者拟。

始基的侧重点不是某种实物或实体，而是过程和流变。世界系统是一个过程系统，赫拉克利特于是就为后人奠定了一种过程世界观的基础。而且，世界的永不停息的运动变化是有规律、有秩序的，这个事物的规律、秩序是火的属性，叫作"逻各斯"。赫拉克利特认为真正的智慧就是认识逻各斯。

德谟克利特是古希腊原子论的创立者，马克思和恩格斯称他是"经验的自然科学和希腊人中的第一个百科全书式的学者"，他创立的原子论，就是对于构成宇宙系统的系统要素的天才猜测。

柏拉图的老师苏格拉底注重道德哲学，反对研究自然，他认为可以通过问答和批评讨论来揭示事物的真谛，奠定了辩证方法的系统运用。柏拉图继承了老师的学说，创立理念论来对抗原子论。柏拉图认为几何学表达了理念界的永恒的完美性，世界是有层次的，首先是可见世界与可知世界是两个不同层次，几何体——两种三角形是物质世界的真正组成要素。在柏拉图那里，理念也是一个等级系统，也就是从具体事物的理念，到数学和科学的理念，再到艺术和道德的理念，直至最高级的善的理念。

◇亚里士多德像

亚里士多德是古希腊哲学的集大成者。他是古希腊最伟大的体系哲学家，在他看来："如果知识的对象不存在，就没有知识；这是真的，因为将会没有什么东西可以被认识。同样这也是真的：如果某物的知识不存在，此某物却很可以是存在着。"因此，在亚里士多德看来，理论的体系有其原型，理论体系反映着客观的体系。

亚里士多德对于整体与部分关系的思考，主要是从生物学入手的。亚里士多德写道："构成动物的各个部分有些是单纯的，有些是复合的；单纯部分，例如肌肉，加以分割时，各部分相同仍还是肌肉；复合的构造，例如手被分割时，各部分就不成为手，颜面被分割时各部分就不成为颜面，被割裂的各部分互不相同。""关于这些复合的部分，有些不仅称之为'部分'，亦复称之为'肢体'。凡由各个不同部分所构合，而可得成为一整体的，例如头、脚、手、臂、胸均为动物的肢体；这些都各成为一个整体，而各自包含有若干相异的分件。"亚里士多德已经察觉到整体与部分的矛盾，在他看来：整体"由若干部分组成，其总和并非只是一种堆集，而其整体又不同于部分"。这就是说，整体具有整体性，整体不同于部分，整体性也不等于部分性质的简单加和。

亚里士多德关于整体和部分关系的思考，受到现代系统论思想家的高度赞赏，一般系统论的创立者贝塔朗菲就一再说，亚里士多德关于"整体大于部分和"的思想至今仍然正确，实际上这就是系统论的最基本思想。

二、近代系统思想

（一）莱布尼茨和狄德罗的系统思想

莱布尼茨一生建树很多，罗素在《西方哲学史》下卷关于莱布尼茨的论述中称他是"千古绝伦的大智者"。他在哲学、逻辑、数学、物理学等领域都有杰出的贡献。

莱布尼茨的客观唯心主义哲学思想的核心是披着神学外衣的"单子论"。单子也就是一种原子，是自然系统的最基本组成要素。

《单子论》的第 1 条就是"我们这里要说的单子不是别的，只是一种组成复合物的单纯实体；单纯，就是没有部分的意思"。他指出，实体是不能光就它的没有任何能动性的赤裸裸的本质去设想的，能动性是一般实体的本质，如果物质是惰性的和不动的，它就不可能成为构成宇宙万物的实体。

在莱布尼茨看来，单子与复合物具有相互依存性，仅仅只谈一个方面是不可能的。《单子论》的第 2 条就是："既然有复合物，就一定有单纯的实体；因为复合物无非是一群或一堆单纯的东西。"这里就接触到，部分与整体，只能相互定义。

比起他的同时代人来，莱布尼茨的单子论中机械论与有机论、个体论与整体论错综复杂地交织在一起，其中具有较多的系统思想和辩证思维，某些方面也达到了深刻的有机论和辩证法。所以，莱布尼茨受到了马克思主义经典作家的高度重视和高度评价。

狄德罗是 18 世纪法国"百科全书"派的首领，18 世纪法国机械唯物主义杰出代表。在 18 世纪法国机械唯物主义者中，他的哲学思想中具有较多的有机论和辩证法因素。

在狄德罗看来，物质内在地具有感受性，运动是物质的固有属性，总之，物质是"活性物质"而非惰性的。他写道："物体，依某些哲学家说，就其本性而言，是没有活动也没有力的；这是一个可怕的错误，完全违反全部正确的物理学，全部正确的化学：物体就其本身说来，就其固有性质的本性说来，不管就它的分子看，还是就它的整体看，都是充满活动和力的。"

他借达朗贝的梦来涉及部分组成整体，要素形成组织以及组织的发展问题。他写道：活点子"连续不断地粘下去，便得出一个整体的东西来……一个完整的系统，它对于它的完整性是有意识的！"他还写道："这块东西是怎样过渡到另一种组织，过渡到感受性，过渡到生命的呢？依靠温度。什么东西会产生温度呢？运动。"运动的结果就造成组织的发育、分化和生长。

（二）德国古典哲学中的系统思想

德国古典哲学是 18 世纪末 19 世纪初德国新兴资产阶级的哲学，包括从康德到黑格尔的古典唯心主义和费尔巴哈的人本学唯物主义。德国古典哲学集两千多年欧洲哲学发展之大成，其中的优秀成果为马克思和恩格斯批判继承，成为马克思主义哲学观点的直接的理论来源。我们这里扼要考察一下康德和黑格尔的系统思想。

康德既是哲学家也是自然科学家，在哲学上，他是德国古典哲学的开创者；在自然科学上，他以提出太阳系起源的星云假说而著名。

星云假说是康德在前期即所谓的"前批判时期"中研究自然科学问题的产物。康德认为，在遥远的过去，在宇宙太空里充满了极其稀薄的、分散的、不停运动着的物质微粒或质点。其中密度较大的地方吸引较大，周围空间的微粒在吸引作用下会向这个中心聚集。于是，在引力作用下，密度大的微粒把它周围密度小的微粒聚集起来。这样继续下去，就会在原始物质的引力中心，逐渐形成某个巨大的中心天体，太阳就是这样形成的。在太阳系形成过程中，除引力作用以外，还有一种斥力起作用。由于斥力作用，并非所有微粒都奔向太阳中心，再加之离心力的作用，就形成了一个围绕太阳中心的圆周运动，进而形成圆盘状的

◇康德像

结构，最终形成了行星系统。相仿地，行星的卫星系统也是这样形成的。

他还推测整个宇宙是一个大系统，具有不同的层次。他写道："难道所有的世界就不会同样有相应的结构和有规则的相互联系，正像我们太阳系这个小范围内的天体，如土星、木星和地球都各自成为特定的系统，但同时又作为一个较大系统的成员而相互联系着呢？……观测证明，这个推测几乎是无可怀疑的。星群由于其位置都联系于一个共同的平面而构成一个系统，正如我们太阳系的各个行星都环绕太阳而构成一个系统一样。……银河里的每一个太阳同围绕它们而运转的行星一起，构成一个特定的系统；但是这并不妨碍它们成为一个更大的系统的一部分。"

康德的宇宙观已经可以称之为一种系统自组织演化的宇宙，包含着一切继续进步的起点。在我们看来，康德之所以能取得划时代的重要突破，正是自觉不自觉运用系统思维的结果。

黑格尔是近代唯心辩证法大师，他在阐明和运用辩证法原理时，亦迸发出他的系统思想，表达了系统观点。一般系统论的创立者贝塔朗菲就把他作为重要的系统思想先驱之一，普里戈金也指出黑格尔的哲学实际上对于系统自组织的思想给出了和谐的响应。黑格尔的系统思想，突出地表现为：

◇黑格尔像

1. 他指出了把真理和科学作为有机的科学系统加以考察的重要性，指出系统与要素的内在联系的历史性和层次性。他说："真理的要素是概念，真理的真实形态是科学系统"，"科学只有借助于概念自己的生命才能成为有机系统"，"知识只有作为科学或者作为系统，才是现实的，才能够表达出来"，"真理只有作为系统才是现实的"。

2. 他称"绝对概念"为系统，把这种系统理解为一个"过程的集合体"。他认为一切存在都是有机的整体："作为自身具体、自身发展的理念，乃是一个有机的系统、一个全体，包含有很多阶段和环节在它自身内。"这种把一切事物看作有机系统，由于内部各部分、各种力量的矛盾斗争推动自身向更完善更高级的方向发展的观点是正确的。但他是用概念的系统发展颠倒地反映出客观世界现实系统的发展过程。马克思称之为"抽象形态的运动"。恩格斯在《反杜林论》中写道："黑格尔第一次——这是他的巨大功绩——把整个自然的、历史的和精神的世界描写为一个过程，即把它描写为处在不断的运动、变化、转变和发展中，并企图揭示这种运动和发展的内在联系。"这样的一个伟大的基本思想，即认为世界不是一成不变的事物的集合体，而是过程的集合体的思想，与现代系统论中的"历时态系统"很相近。

3. 他运用系统方法构造出完整的哲学体系。黑格尔不是简单地列举哲学范畴，而是力图解释它们之间的内在联系，从一个推出另一个，把它们放在系统中加以考虑，这就是他的庞大的客观唯心主义哲学体系，他用"逻辑学""自然哲学""精神哲学"三部分，一环扣一环地系统地描述了绝对精神的辩证发展过程。"逻辑学"阐述绝对精神的发展。绝对精神是最原初的存在，在自身的发展中经过三个阶段，由"有"或"存在"阶段进入"本质"阶段，再进入"概念"阶段，这同时又是一个由抽象到具体的过程。概念的自我否定转化为自然，"逻辑学"就过渡到"自然哲学"。而这里则从力学发展到物理学，再发展到有机物理学。最后，理念通过自然再回到精神，这就回到"精神哲学"。精神是由主观精神发展到客观精神，最后发展到绝对精神。于是，他的哲学体系就形成了一个大圆圈。

4.黑格尔实际上已经讨论了许多基本的系统概念即范畴。例如，他在《逻辑学》的"本质论"中，把整体与部分的关系看作直接本质的关系，讨论了部分和整体的辩证法。又例如，他在《自然哲学》中，他以进化和射流的辩证法来把握自然界的阶段发展。这里特别要指出的是他在《逻辑学》的第二部分阐述了"对立统一"即矛盾范畴，论述了矛盾的普遍性，把矛盾看作一切事物所固有的，并把矛盾与运动联系起来，作为事物发展的源泉和动力。这实际也是现代系统论高度重视的基本系统观点，贝塔朗菲就这样写道："部分之间的竞争，是简单的物理—化学系统以及生命系统中的一般组织原理，归根结底，是实在所呈现的对立物的一致这个命题的一种表述形式。"

总之，黑格尔实际上丰富和发展了系统思想，自觉不自觉地进行着系统思维，但由于他的客观唯心主义立场和思辩的传统，使系统思想包含在隐晦的哲学体系中，成为一种神秘的东西。

（魏宏森，清华大学教授，曾任清华大学科技与社会研究所所长；曾国屏，清华大学教授，曾任清华大学科技与社会研究所所长）

现代系统论的产生与发展 *

魏宏森

　　一般系统论是美籍奥地利生物学家贝塔朗菲（L.V.Bertalanffy）创立的一门逻辑和数学领域的科学，它的主要目的是企图确立适用于系统的一般原则。它运用完整性、集中化、等级结构、终极性、逻辑同构等概念，从而找出适用于一切综合系统或子系统的模式、原则和规律。后来又发展成为试图包括一般系统论、控制论、自动机理论、信息论、集合论、图论、网络理论、系统数学、对策论、判定论、计算数学、模拟……的理论和方法，统称为系统论。系统论的产生决非偶然的一时时髦的产物，而是有其深远的思想渊源和现代科学技术的基础。

一、现代系统论的诞生

　　现代系统论的产生是与 20 世纪 30 年代前后生物学中的机体概念以及对活的有机体研究密切相关，并与当时的生物学中批判机械论和活力论有关。它的直接思想来源是机体论。1925 年英国数理逻辑学家怀德海发表了《科学与近代世界》一文，他提出用机体论来代替科学上的决定论，主张把科学体系重新改造建立在

---

* 节选自《哲学研究》1982 年第 5 期。

机体这一综合概念的基础上。差不多与此同时，美国的劳特卡在
1925年和柯勒尔在1927年提出了系统论的基本原理。这些对当时
科学界都产生了影响，对贝塔朗菲亦有启发。他本人曾于1925年
至1926年提出了生物学中的机体概念，强调把有机体当作一个整
体或系统来考虑，而且认为生物科学的主要目标就在于发现种种
不同层次上的组织原理。1932年发表了《理论生物学》，1934年
又发表了《现代发展理论》，提出用数学和模型来研究生物学的方
法和机体系统论概念。他认为这是系统论的萌芽。他指出，机械
论有三个错误观点：其一是简单相加的观点，其二是机械观点，
其三是被动反应观点。他认为这种理论不能正确地解释生命现象。
他从19世纪机体论思想的伟大先驱者那里汲取了许多思想，把协
调、秩序、目的性等概念用于研究有机体，并概括了机体论发展
的成就，提出几个基本观点：（1）系统观点，认为一切有机体都是
一个整体——系统；（2）动态观点，他把生命体看作一个开放系
统，认为一切生命现象本身都处于积极的活动状态，活的东西的
基本特征是组织；（3）等级观点，认为各种有机体都按严格的等级
组织起来，生物系统是分层次的。他认为，传统方法只是对各部
分各过程进行研究，没有包括协调各部分和各过程的信息，因而
不能完整地描述活的现象，生物学的主要任务应当是发现在生物
系统中起作用的规律，主张建立一种机体论的正确模式来取代机
械论的错误模式，把有机体描绘成一种整体或系统。它具有专门
的系统属性和遵循不能简化的规律。有机体是由能动的极其复杂
的诸多部分构成，它并不是被动的机械的东西，相反，却是具有
高度主动性的活动中心。他的这一机体论的新思想尽管获得某些
学者的赞赏，但却招致生物界权威人士的责难。1937年他第一次
在芝加哥大学哲学讨论会上提出了一般系统论概念，但由于当时
的压力没有发表。1945年3—4月他在《德国哲学周刊》第18期
上发表了《关于一般系统论》一文，但很快毁于战火，几乎未被

人所知。直到第二次世界大战后的 1947 年至 1948 年，他在美国讲课和专题讨论中阐述了他多年倡导的系统论思想。他指出："存在着适用于一般化系统或子系统的模式、原则和规律，而不论其具体种类、组成部分的性质和它们之间的关系或'力'的情况如何。我们提出了一门称为一般系统论的新学科。一般系统论乃是逻辑和数学的领域，它的任务仍是确立总的适用于'系统'的一般原则。"这时它才作为一门新兴学科初露头角。由于战后贝塔朗菲在美国接触到许多新思想新学科，而且有些学科几乎是沿着同样的思想路线进行的，如控制论、信息论、博弈论、决策论、图论、网络理论、现代组织论等等，这对他是极大的鼓舞，他确信一般系统论的思想是符合现代科学潮流的，于是他同经济学家保尔丁、生物数学家 A. 拉波波特、生理学家 R. 杰拉德一起，以社会科学、行为科学、政治科学和经济学等领域的研究者为主体，于 1954 年创办"一般系统论学会"（后改名为"一般系统研究会"），得到美国科学促进协会（AAAS）的承认，出版机关刊物《行为科学》和《一般系统》年鉴，学会的主要目的是"促进可应用于不只一种知识部门的理论系统的发展"。研究会在美国各中心城市设有地方团体，20 世纪 50 年代贝塔朗菲等人为发展和宣传系统论作了艰苦的努力。

就现有资料分析，虽然贝塔朗菲再三重申系统论是与控制论、信息论同时出现的。但这门学科在当时的影响却远远不如后者，没有受到学术界的足够重视，系统论真正受到人们重视，还是 20 世纪 60 年代至 70 年代的事。1968 年 3 月，他在加拿大埃德蒙顿·亚尔塔特大学，发表了《普通系统论的基础、发展和应用》一书，这是他根据战后系统方法应用在各方面取得的实际成效，进一步历史地、系统地阐明了他的思想，全书共十章，是目前能见到的比较全面地论述系统论的完整著作。

在贝塔朗菲临终的那年（1972 年），他还发表了《一般系统论

的历史和现状》，试图对一般系统论重新加以定义。他认为普通系统论可以作为一个新的科学规范，运用于广泛的研究领域。它应该包括三个方面：第一个方面是关于"系统"的科学和数学系统论。即对各种不同的具体科学的系统进行科学的理论研究和作为适用于一切（或一定的）种类的系统的根本学说，它要求运用精确数学语言描述各种系统。第二个方面是系统技术，涉及系统工程的内容，着重研究系统思想、系统方法在现代科学技术和社会各种系统中的实际应用。第三个方面是系统哲学，研究系统论的科学，或哲学方面的性质即研究系统的本体论、认识论以及研究人与世界的关系、价值观和人本主义等等，使系统论取得哲学方法论地位。尽管系统论尚处于不成熟的发展阶段，但它已在许多方面取得了令人鼓舞的成就。

在一般系统论研究中有两种不同的方法，贝塔朗菲自己认为，他们倡导的是一种经验——直觉的逻辑方法，主要应用一系列概念、范畴研究自然界系统、人造系统、社会系统和符号系统的一般系统规律。另一种是英国生物学家控制论创始者之一的艾什比，在1958年一篇名为《作为一门新学科的一般系统论》中所提倡的被贝塔朗菲称之为演绎系统理论的方法；他用数学工具（集合论）来描述系统的状态变化。这两种方法各有千秋、相辅相成，前者偏重逻辑方法，后者着眼于数学方法。

二、一般系统理论的发展

随着上述理论与技术基础的日益完备，以系统作为研究对象，为解决复杂系统问题的一般系统理论不断得到发展，虽然还未形成完整统一的系统理论，但已出现了许多新的学派。

在过去的几十年中，由于各自研究的出发点不同，建立理论的目的和方法不同，解决问题的深度不同，形成了以下几种一般系统理论。

一是如上所述的贝塔朗菲创立的类比型系统理论。他从理论生物学的角度，总结人类有关系统的思想，运用类比同构的思想方法，建立了开放系统的一般系统论，提出了生命现象的有组织性、有序性、目的性。他认为生命系统本质上是开放系统，并给出了有机体开放系统的模型。但他并没有对有序性、目的性作出满意的回答。

二是比利时物理学家普里高津提出了"耗散结构"学说，这也是一种系统理论。他从热力学第二定律出发，提出了开放系统的非平衡态热力学，这是他从 20 世纪 30 年代以来的研究成果。早在 1945 年，他就正式创立了线性非平衡态热力学，1970 年又提出非线性非平衡态热力学，他宣称："非平衡可成为有序之源，不可逆过程可导致称为耗散结构的一种新型的物态。"他把这种远离平衡态的、稳定的、有序的物质结构叫作"耗散结构"，回答了开放系统如何从无序走向有序的问题。

其三，是西德科学家哈肯于 1976 年提出的另一种系统理论，称为"协合学"（或协同学）。他亦是从物理学的角度，运用现代科学技术最新成就和现代数学理论提出了多维相空间理论，从微观世界到宏观世界的过渡上解决了普里高津提出的这些问题。他认为在一个复杂系统的许多自由度里，如果有一个、几个不稳定的自由度存在，那么它就要把稳定的自由度拖着走，一直拖到相空间的某一点，这个点就是这个系统的一个稳定状态。其他的点都不稳定，非拖到稳定点才罢休。这个稳定状态也可能不是一个点，而是一个振荡圈。这个圈和点就是这个复杂系统的目标。这就进一步解决了复杂系统如何从无序走到有序状态，为什么具有目的性的问题。而且他还发现不仅开放系统如此，即使是封闭系统、热平衡的状态有时也可以出现有序状态。可见哈肯的这一理论又比普里高津前进了一步。

其四，是苏联学者乌也莫夫提出的参量型系统理论。他认为贝塔朗菲的一般系统理论是仅仅运用了同构同态的类比创立起来的，这种理论已在实际运用中受到了限制，引起人们对它的失望。而类比的型式绝不只限于同构、同态，据现有物理学史和数学史提供的材料来看，至少有50多种独立的类比形式，其中许多可以用于发展类比型系统论。因此这种理论还可以得到发展。但他认为这种把基体不同的各种系统进行类比，不是构成一般系统论的唯一途径，因此提出了参量型一般系统论。这种理论所需要的原始材料，不是那些说明在某个具体系统里有我们感兴趣的规律性存在的资料，而是有关大量系统的资料，甚至在这些材料里直接看不到我们感兴趣的规律性。这种规律性应当作为对经验材料进行逻辑分析的结果而呈现出来。类比型系统论借助于类比只能发现系统中的某一确定规律，而不能确定一般系统特征的其余规律。运用参量型系统论，则可在电子计算机的参与下把系统参量联系起来，从而确定出系统的全部规律。因此这种类型的一般系统论开辟了更为诱人的前景。

把系统论、信息论、控制论作为一组新兴学科结合起来进行考察，可能导致新理论的创立。实际上贝塔朗菲在晚年就已意识到这一点，并企图把这些都囊括在他的系统论中。这种机械的凑合是不成功的。目前许多学者已越来越清楚地认识到这三门学科有其内在的联系，正在做这方面的工作，国际学术界已召开了四次系统与控制论的讨论会，反映了这一动向。有人提出对1940年以来出现的各种概念和方法论工具进行清点，收集并找出它们之间的相互关系，试图用信息、能量、物质和时间四种基本概念和一组基本模型，进行新的综合和概括，找出总括性和综合性的模型，以便揭示复杂系统的结构、过程及相互联系，找到有效的解决办法，创造出新的统一理论。1976年一般系统论研究会年会主席、斯德哥尔摩大学的萨缪尔森把"三论"作为一组新学科联系起来进行研究，作了题为《作为一种新生学科的系统论、控制论、信息论》的报告，认为"三论"已成了现代科学技术的生长点，并对三者综合提出了设想。

目前国外一些学者还把系统科学分成三个部分，即狭义的系统科学、系统工程学和系统哲学。而把这一领域里的理论和方法概括为几个主要方面，即一般系统研究，一般系统理论，一般系统思维，一般生命系统，一般系统方法，一般系统工程，一般系统和控制论，一般信息系统，一般系统和网络，其中每一方面又包含许多理论和学科。这些都充分表明，一种包含无比广阔内容的新学科——系统学正在形成。我国科学家钱学森在 1980 年 12 月中国系统工程学会成立大会上，系统地阐述了系统理论的发展及各种学派的工作。他认为不仅要从工程技术的各门系统工程及其技术科学的运筹学、控制论、信息论中去提炼，而且要吸收上述各派的系统理论，建立完整的系统科学体系。并认为："系统学的建立也会有助于明确系统的概念，即系统观，它将充实科学技术方法论，并为马克思主义哲学的深化和发展提供素材。这也就是说人的社会实践汇总，提炼到系统科学的基础科学——系统学，又从系统学通过一座桥梁——系统观，达到人类知识的最高概括——马克思主义哲学。所以系统科学体系可以表达为：工程技术、技术科学、基础科学和哲学四个台阶。"他的这一设想比机械地把研究系统的理论和学科凑在一起形成一个体系要辩证得多、高明得多。

"三论"具有浓厚的方法论性质，对此，它们的创始者贝塔朗菲、维纳、艾什比等都反复强调过。它们借助于电子计算机和现代数学工具，为解决复杂系统问题提供了有效的科学方法，已经在生产和科学实践以至其他的社会实践中发挥出很大的作用，因此在注意这些学科发展的同时，必须把它们中间具有普遍意义的科学方法加以提炼。作者曾在 1980 年全国科学方法论学术讨论会上提出：要以马克思主义哲学为指导，建立具有时代特点的系统科学方法论。"三论"中许多科学概念，直接涉及哲学的基本问题，因此值得我们认真研究，以丰富、发展辩证唯物主义的世界观和方法论。假如说一百年前三大发现（细胞学说、达尔文进化论、能量守恒）是马克思主义辩证唯物论创立的自然科学基础的话，那么 20 世纪 40 年代产生的"三论"，与相对论和量子力学一样为丰富、发展马克思主义提供了现代科学技术基础。

三、一脉相承

马克思的系统思想 *

李文管　毛建儒

马克思没有独立形态的关于系统思想的专门著作，但在其整个论著中，却包含着丰富的系统思想。

一、整个人类社会是一个有机体系

尽管社会有机体的思想很早就有，但马克思从社会生活的基本事实出发，分析和研究历代社会，特别是深入分析资本主义社会的各种情况，从社会存在决定社会意识的唯物史观的高度，正确剖析社会有机体的结构要素和运动规律，第一次使社会有机体的概念真正建立在科学的基础之上。在马克思看来，整个社会的基本结构可以概括为这样三个层次：①由人的劳动生产活动形成的人同自然的关系，实践着社会的人同自然的物质、能量和信息交换，构成生产力系统；②在劳动生产过程中形成的人和人的联系，使生产获得具体的社会形式，构成生产关系体系；③以生产关系为社会基础而派生的其他各种社会关系，建立起由政治法律制度和设施以及政治法律观点，各门社会科学、道德、哲学、艺术、宗教等意识形态组成的庞大的上层建筑系统。

---

* 节选自《系统科学学报》2006 年第 4 期，原题为《马克思系统思想研究》。

马克思系统地分析了社会有机体的运动规律,指出人类社会的发展是一个自然历史过程:"人们在自己生活的社会生产中发生一定的、必然的、不以他们的意志为转移的关系,即同他们的物质生产力的一定发展阶段相适合的生产关系。这种生产关系的总和构成社会的经济结构,即有法律的和政治的上层建筑竖立其上并有一定的社会意识形式与之相适应的现实基础。物质生活的生产方式制约着整个社会生活、政治生活和精神生活过程。不是人们的意识决定人们的存在,相反,是人们的社会存在决定人们的意识。社会的物质生产力发展到一定阶段,便同它们一直在其中活动的现存生产关系或财产关系(这只是生产关系的法律用语)发生矛盾。于是这些关系便由生产力的发展形式变成生产力的桎梏。那时社会革命的时代就到来了。随着经济基础的变更,全部庞大的上层建筑也或慢或快地发生变革。"

从上述有关社会机体运动一般规律的思想出发,马克思进一步指出社会经济形态的发展,可分为五个阶段:原始社会、奴隶社会、封建社会、资本主义社会、共产主义社会。每一类社会都有它产生的过程,并且在后来由于自身的不可克服的矛盾而被新的社会所取代。例如,资本主义社会产生于商品生产。"商品流通是资本的起点。商品生产和发达的商品流通,即贸易,是资本产生的历史前提。世界贸易和世界市场在 16 世纪揭开了资本的近代生活史。"同时,资本主义社会由于其自身的不可克服的矛盾必然走向死亡,代替它的是共产主义社会。"已经生产出来的生产力和由这种生产力构成的新的生产的物质基础(而这同时又以科学力量的巨大发展为前提)增大了……可以看到:已经存在的物质的、已经造成的、以固定资本形式存在的生产力,以及科学的力量,以及人口等等,一句话,财富的一切条件,或者说,财富的再生产即社会个人的富裕发展的最重大的条件,或者说,资本本身在其历史发展中所造成的生产力的发展,在达到一定点以后，就会不是造成而是消除资本的自行增殖。""超过这一点，生产力的发展就变成对资本的一种限制；因此，超过一定点，资本关系就变成对劳动生产力发展的一种限制。一旦达到这一点，资本即雇佣劳动同社会财富和生产力的发展就会产生像行会制度、农奴制、奴隶制同这种发展所发生的同样的关系，就必然会作为桎梏被打碎。于是，人类活动所采取的最后一种奴隶形式，即一方面存在雇佣劳动，另一方面存在资本的这种形式就要被撕破，而这本身是同资本相适应的生产方式的结果；雇佣劳动和资本本身已经是以往的各种不自由的社会生产形式的否定，而否定雇佣劳动和资本的那些物质条件和精神条件本身则是资本的生产过程的结果。"

马克思的上述分析，充分体现出对社会活动各要素的相互关联的科学理解，反映出社会历史分析中的系统性思想。

二、生产力系统的要素及其相互关系

马克思指出："劳动过程的所有三个要素：过程的主体即劳动，劳动的物的要素即作为劳动作用对象的劳动材料和劳动借以作用的劳动资料，共同组成一个中性结果——产品。在这个产品中，劳动借助劳动资料与劳动材料相结合。产品，劳动过程结束时产生的这个中性结果，是一种新的使用价值。""劳动过程的简单要素是：有目的的活动或劳动本身，劳动对象和劳动资料。""广义地说，除了那些把劳动的作用传达到劳动对象，因而以这种或那种方式充当活动的传导体的物以外，劳动过程的进行所需要的一切物质条件都算作劳动过程的资料。它们不直接加入劳动过程，但是没有它们，劳动过程就不能进行，或者只能不完全地进行。土地本身又是这类一般的劳动资料，因为它给劳动者提供立足之地，给他的过程提供活动场所。这类劳动和资料中有的已经经过劳动的改造，例如厂房、运河、道路等等。"

根据马克思的论述，生产力系统包括物的因素和人的因素。物的因素是指劳动资料。劳动资料分为被加工的对象——劳动材料和真正的劳动资料。真正的劳动资料不仅包括生产工具、即从最简单的工具或容器到最发达的机器体系，同时也包括物的条件，例如用来进行工作的房屋，或用来播种的土地等等。

人的因素是生产力系统中的能动因素。马克思指出："用于作为使用价值进入一个新的劳动过程的产品，或者是劳动资料，或者是半成品（即为了成为实际的使用价值，为了个人消费或生产消费服务而需要继续加工的产品），这些对于以后的劳动过程来说或者是劳动资料或者是劳动材料的产品，本身只是通过与活劳动相接触而得以实现，因为这些活劳动扬弃这些产品的死的对象性，消费这些产品，把只是作为可能性存在的使用价值变为实际的和起作用的使用价值，把这些产品作为自己活的运动中的物的因素进行消费和使用。机器不在劳动过程中使用就没有用，就是废铁和废木。不仅如此，它还会遭受自然力的破坏性的作用，也就是发生一般的物质交换，铁会生锈，木会腐朽。纱不用来纺或织等等，只能成为废棉，也不能另做他用，而它过去的原料棉花还有其他用途。"

在生产力的物的因素与人的因素分析的基础上，马克思特别提出协作产生新的生产力的思想："社会，即联合起来的单个人，可能拥有修筑道路的剩余时间，但是，只有联合起来才行。联合总是每个人除了他的特殊劳动以外还能用来修筑道路的那部分劳动能力的相加，然而它不仅仅是相加。如果说单个人的力量的联合能够增加他们的生产力，那这绝不是说，他们只要全体加在一起，即使他们不共同劳动，就能在数量上拥有这种劳动能力，也就是说，即使他们的劳动能力的总和不加上那种只有通过他们联合的、结合的劳动存在的、只有在这种劳动当中才存在的剩余，就能在数量上拥有这种劳动能力。""和同样数量的单干的个人工作目的总和比较起来，结合工作日可以生产更多的使用价值，因而可以减少生产一定效用所必要的劳动时间。不论在一定的情况下结合工作日怎样达到生产力的这种提高：是由于提高劳动的机械力，是由于扩大这种力量在空间上的作用范围，是由于与生产规模相比相对地在空间上缩小生产场所，是由于在紧急时期短时间内动用大量劳动，是由于激发个人的竞争心和集中他们的精力，是由于使许多人的同种作业具有连续性和多面性，是由于同时进行不同的操作，是由于共同使用生产资料而达到节约，是由于使个人劳动具有社会平均劳动的性质，在所有这些情形下，结合工作日的特殊生产力都是劳动的社会生产力或社会劳动的生产力。这种生产力是由协作本身产生的。"

"劳动者在有计划地同别人共同工作中，摆脱了他的个人局限，并发挥出他的种属能力。""一个骑兵连的进攻力量或一个步兵团的抵抗力量，与单个骑兵分散展开的进攻力量的总和或单个步兵分散展开的抵抗力量的总和有本质的差别，同样，单个劳动者的力量的机械总和，与许多人手同时共同完成同一不可分割的操作（例如举重、转铰车、消除道路上的障碍物等）所发挥的社会力量有本质的差别。在这里，结合劳动的效果要么是个人劳动根本不可能的，要么只能在长得多的时间内，或者只能在很小的规模上达到。这里的问题不仅是通过协作提高了个人生产力，而且是创造了一种生产力，这种生产力本身必然是集体力。""且不说由于许多力量融合为一个总的力量而产生的新力量。在大多数生产劳动中，单是社会接触就会引起竞争心和特有的精力振奋，从而提高每个人的个人工作效率。"

三、生产关系的系统要素及其相互关系

马克思指出："人们在生产中不仅仅同自然界发生关系。他们如果不以一定方式结合起来共同活动和互相交换其活动，便不能进行生产。为了进行生产，人们便发生一定的联系和关系；只有在这些社会联系和社会关系的范围内，才会有它们对自然界的关系，才会有生产。"每一个社会中的生产关系都包括生产、分配、交换和消费四个环节。这四个环节作为结构要素互相影响，最终就表现出生产关系系统的整体功效。

（一）生产和消费

生产和消费的关系表现在三个方面：第一，直接的同一性。①生产直接也是消费：一是双重的消费，主体的和客体的个人在生产当中发展自己的能力，也在生产行为中支出和消耗这种力，同自然的生殖是生命力的一种消耗完全一样。二是生产资料的消费，生产资料被使用、被消耗、一部分（如在燃烧中）重新分解为一般元素。原料的消费也是这样，原料不再保持自己的自然形状和特性，这种自然形状和特性倒是消耗掉了。因此，生产行为本身就它的一切要素来说也是消费行为。②消费直接也是生产，正如自然界中的元素和化学物质的消费是植物的生产一样。例如，吃喝是消费形式之一，人吃喝就生产自己的身体，这是明显的事。而对于以这种或那种形式从某一方面来生产人的其他任何消费形式也都可以这样说。消费的生产，这种与消费同一的生产被经济学家称为第二种生产，是靠消灭第一种生产的产品引起的。在第一种生产中，生产者物化，在第二种生产中，生产者所创造的物

人化。因此，这种消费的生产——虽然它是生产和消费的直接统一——是与原来意义上的生产根本不同的。

第二，互为媒介。生产和消费互为手段、互为媒介、互相依存。生产创造出消费的材料，没有生产，消费就没有对象。但也因为正是消费替产品创造了主体，产品对这个主体才是产品。产品在消费中才得到最后完成。

第三，互相创造对方。生产和消费也互相创造对方。①生产创造消费。一是生产为消费提供材料、对象。消费而无对象，不成其为消费；因而，生产在这方面创造出、生产出消费。二是生产为消费创造的不只是对象。它也给予消费以消费的规定性、消费的性质，使消费得以完成。正如消费使产品得以完成其为产品一样，生产使消费得以完成。②消费也创造生产。一是因为只是在消费中产品才成为现实的产品，例如，一件衣服由于穿的行为才现实地成为衣服；一间房屋无人居住，事实上就不成其为现实的房屋；因此，产品不同于单纯的自然对象，它在消费中才证实自己是产品，才成为产品。消费是在把产品消灭的时候才使产品最后完成，因为产品之所以是产品，不是它作为物化了的活动，而只是作为活动着的主体的对象。二是因为消费创造出生产的观念上的内在动机，后者是生产的前提。消费创造出生产的动力；它也创造出在生产中作为决定目的的东西而发生作用的对象。如果说，生产在外部提供消失的对象是显而易见的，那么，同样显而易见的是，消费在观念上提出生产的对象，作为内心的意向、作为需要，作为动力和目的。消费创造出还是在主观形式上的生产对象。没有需要，就没有生产。而消费则把需要再生产出来。

（二）生产和分配

生产和分配的关系包括以下三个方面：

第一，分配的结构完全决定于生产的结构。分配关系和分配方式只是表现为生产要素的背面，个人以雇佣劳动的形式参与生产就以工资形式参与产品、生产成果的分配。分配的结构完全决定于生产的结构，分配本身就是生产的产物，就对象来说，能分配的只是生产的成果，就形式来说，参与生产的一定形式决定分配的特定形式，决定参与分配的形式。

第二，分配对生产不是独立的。表面看来，分配表现为产品的分配，因此它仿佛离开生产很远，对生产是独立的。但是，在产品的分配之前，分配是①生产工具的分配，②社会成员在各类生产之间的分配（个人从属于一定的生产关系）——这是上述同一关系的进一步规定。这种分配包含在生产过程本身中并决定生产的结构，产品的分配显然只是这种分配的结果。

第三，生产本身的分配是生产的产物。如果有人说，既然生产必须从生产工具的一定的分配出发，至少在这个意义上分配先于生产，成为生产的前提，那么就应该答复他说，生产实际上有它的条件和前提，这些条件和前提构成生产的要素。这些要素最初可能表现为自然发生的东西。通过生产过程本身，它们就从自然发生的东西变成历史的东西了，如果它们对于一个时期表现为生产的自然前提，对于另一个时期就是生产的历史结果了。它们在生产内部被不断地改变。例如，机器的应用既改变了生产工具的分配，也改变了产品的分配。现代大土地所有制本身既是现代商业和现代工业的结果，也是现代工业在农业上应用的结果。因此，虽然这种分配对于新的生产时期表现为前提，但它本身又是生产的产物，不仅是一般历史生产的产物，而且是一定历史生产的产物。

（三）生产和交换

既然交换只是生产以及由生产决定的分配一方和消费一方之间

的媒介要素，而消费本身又表现为生产的一个要素，交换当然也就当作生产的要素包含在生产之内。

第一，在生产本身中发生的各种活动和各种能力的交换，直接属于生产，并且在本质上组成生产。

第二，这同样适用于产品交换，只要产品交换是用来制造供直接消费的成品的一种手段。在这个限度内，交换本身是包含在生产之中的行为。

第三，所谓企业家之间的交换，从它的组织方面看，既完全决定于生产，而且本身也是生产行为。只有在最后阶段上，当产品直接为了消费而交换的时候，交换才表现为独立于生产之外。但是①如果没有分工，不论这种分工是自然发生的或者本身已经是历史的成果，也就没有交换；②私的交换以私的生产为前提；③交换的深度、广度和方式都是由生产的发展和结构决定的。可见，交换就其一切要素来说，或者是直接包含在生产之中，或者是由生产决定。

（四）生产、分配、交换和消费

总体上看，生产、分配、交换和消费构成整个社会生产的各个环节，反映出一个统一体内部的要素差别。过程总是从生产重新开始，而交换和消费不是起支配作用的东西，产品的分配也是这样。而作为生产要素的分配，它本身就是生产的一个要素。因此，一定的生产决定一定的消费、分配、交换和这些不同要素相互间的一定关系。当然，生产就其片面形式来说也决定于其他要素。例如，当市场扩大，即交换范围扩大时，生产的规模也就增大，生产也就分得更细。随着分配的变动，例如，随着资本的集中，随着城乡人口的不同的分配等等，生产也就发生变动。最后，消费的需要决定着生产。不同的要素之间存在着相互作用。每一个有机整体都是这样。

恩格斯的系统思想 *

巩存忠　毛建儒

恩格斯的系统思想是非常丰富的，这些思想可概括为以下几个方面：

1. 互相联系的观点

在恩格斯看来，世界上的各种现象都是互相联系的。这些现象不仅包括物质现象，而且还包括精神现象。下面我们就来谈谈这两种现象的联系。

①自然界的事物互相联系，构成一个有机的整体。恩格斯指出："我们所面对着的整个自然形成一个体系，即各种物体相互联系的总体，而我们在这里所说的物体，是指所有的物质存在，从星球到原子，甚至直到以太粒子，如果我们承认以太粒子存在的话。"在这段话中，恩格斯提出了自然界的事物互相联系的观点。即：机械运动—物理运动—化学运动—生物运动—社会运动。这些运动的主体分别是非生命物质、生命物质和人。

②人类的各种认识现象也是互相联系的。例如，判断可分为以下几类：个别判断、特殊判断、普遍判断。这三类判断并不是孤立的，而是互相联系的，这种联系表现在：它们在人类的认识过程中前后相继，互相过渡。

③物质现象和精神现象之间是互相联系的。这种联系表现在

---

* 选自《中共山西省委党校学报》1990 年第 6 期，原题为《恩格斯系统思想评介》。

两个方面，它们是：其一，精神来源于物质，物质是产生精神的源泉。其二，物质现象和精神现象遵循着同样的规律。例如，辩证法的规律无论对物质领域，还是精神领域，都是适应的。

2. 等级层次的观点

等级层次的观点是对互相联系观点的深化，因为系统的任何联系都是按等级和层次进行的。恩格斯系统思想中的等级层次观点可从以下几个方面来论述：

①自然界可以分割成各种不同的层次。恩格斯认为，物质是无限可分的。针对当时科学界把原子看成是最终微粒的观点，他指出："原子决不能被看作简单的东西或已知的最小实物粒子。"这种观点是正确的，为日后的科学实践所证明。物质是无限可分的，但对某一时期来说，这种分割又是有限的。恩格斯根据他那个时期人类对物质的认识，把自然界划分为如下层次：恒星系、太阳系（包括地球）、地球上的物体、分子、原子、以太粒子。这种划分，用现代的观点来看，存在着不少问题，如以太粒子根本不存在；原子下面的层次是基本粒子；恒星系上面还有更大的天体；等等。但在当时来讲，还是一种比较完善的划分。

②物质运动形式的划分。恩格斯在《自然辩证法》一书中，把物质的运动划分为五种基本形式，它们是：机械运动、物理运动、化学运动、生物运动、社会运动。这些运动形式并不是同等程度的东西，而是有着简单与复杂之分，也就是说，它们的复杂程度是不一样的。因此，物质运动的五种基本形式，实际上是物质运动的不同层次。

③思维领域中的层次。在思维领域中，分层现象也是存在的。例如，逻辑中的判断可划分为：个别判断、特殊判断、普遍判断，这三种形式实际上就是判断的三个不同层次。人类的认识过程，可划分为两个不同的阶段，即悟性阶段和理性阶段，这当中也包

含着等级层次的观点。

3. 整体性的观点

①要素若脱离系统，就不具有原来的质了。恩格斯指出："例如，部分和整体已经是在有机界中越来越不够的范畴。类子的萌芽——胚胎和生出来的动物，不能看作从'整体'中分出来的'部分'，如果这样看，那便是错误的解释。只是在整体中才有部分。"恩格斯思想可以概括为：在有机界中，部分和整体的范畴已经越来越不够了，这有两方面的原因，其一是，按照机械论的观点，整体可以分解为各个部分，这些部分并不因失掉与整体的联系，而改变自己的性质。例如，一块石头，分成几部分，这些部分与原来的石头虽然失掉了联系，但仍保持着石头的性质。但在有机界中，机械论关于整体和部分的观点就变得不正确了，因为某一机械的部分，是整体的部分，并不能从整体中分割出来，若分割出来，就失掉了自己的性质。例如，手作为人体的一个部分，只有在与人体的联系中，才能发挥自己的功能，若失掉与人体的联系，就丧失了自己的功能。这就是部分和整体的范畴在有机界中愈来愈不够的第一个原因。除了这个原因外，还有第二个原因：整体和部分的范畴已经无法描述有机界中的一些现象。例如，种子的萌芽——胚胎和生出来的"动物"，就不能看作从"整体"中分出来的"部分"。正是由于这两个原因，整体和部分的范畴已经无法适应有机界了。

整体和部分的范畴在有机界中遇到的麻烦，向人们透露了这样的信息，必须重新理解整体和部分的关系，重新理解后的关系可以叙述为：整体是部分的整体，部分是整体的部分，二者是互相联系不可分割的。

②系统和构成它的要素在质上是不同的。关于这个问题，恩格斯指出："这样，我们看到，纯粹的量的分割是有一个极限的，

到了这个极限它就转化为质的差别：物质纯粹是由分子构成的，但它是本质上不同于分子的东西，正如分子又不同于原子一样"。"今天的片岩根本不同于构成它的粘土……"。

恩格斯的上述观点概括起来就是：整体不等于构成它的部分，或者说，系统不等于构成它的要素。这就向人们表明，系统不能归结为要素。若把系统归结为要素，就会走上错误的道路，如机械论就是这样，这种观点把一切运动归结为机械运动，因而无法正确反映、描述除机械运动以外的其他运动。

③系统中某一要素的变化，要引起整个系统的变化。例如，美索不达米亚、希腊等地的居民，为了得到耕地而砍伐森林，结果使他们所在的地方变成了不毛之地。阿尔卑斯山的意大利人，由于不注意保护森林，而毁坏了他们的畜牧业基础。这些事例表明，自然界的各种生态系统是一个互相联系的整体，其中某一因素的变化，必然要引起整个系统的变化。

恩格斯的这一思想告诉我们，在改造自然界的时候，必须从整体出发，必须充分注意到自然界各种因素的相互作用。

④系统不等于它的要素的低级组合。恩格斯指出："简单的和复合的，这些也已经在有机界中失去了意义的范畴是不适用的。无论骨、血、软骨、肌肉、纤维质等等的机械组合或是各种元素的化学组合，都不能造成一个动物。"恩格斯的上述思想说明了这样的问题：系统不等于它的要素的"低级组合"。例如，水分子是由 H 和 O 构成的，但它不等于 H 和 O 的机械相加。生物既不等于它的各个部分的机械相加，也不等于这些部分的化学组合等。

⑤由质上相同的要素构成的两个系统，由于所含要素量的不同，而呈现出不同的质态。关于这方面的情况，恩格斯曾列举了大量的事例，这些事例可以简单地介绍如下：

（1）氧气（O_2）和臭氧（O_3），由于只差一个原子，而具有完全不同的性质。

（2）笑气（N_2O）和无水硝酸（N_2O_5），都是由 N 和 O 原子构成的，但由于这些原子在量上的不同，使二者表现出完全不同的性质，前者是气体，而后者在常温下是结晶的固体。

……

从以上这些事例中，可以得出这样的结论，由相同质的要素构成的系统，由于要素在量上的不同，使系统呈现出不同的质态。

⑥某一要素落入不同的系统，会表现出不同的特征。例如，化学过程在无机界和有机界所表现出来的特征是不同的。"反应"这一物体特性，由于落入不同的系统，也呈现出不同的质态。这些事例说明：要了解某一要素，必须从它所在的系统出发，不然的话，就无法揭示要素所具有的性质。

⑦要素之间作用方式的不同，可以形成不同的系统质。例如，乙醇和甲醚，二者的分子式是相同的，都是 C_2H_6O，但它们的组合方式却是不同的，这就使乙醇和甲醚显示出不同的性质，前者是液体，后者是气体。金刚石和石墨，都是由碳元素构成的，但由于金刚石是骨架形结构，而石墨是层状结构，因而也显示出十分不同的性质。

这些事例表明，系统各要素在组合方式上的不同，可以引起系统质的变化。这种情况告诉我们，考察系统，不仅要了解构成系统的要素的性质，而且还要了解这些要素的整体构成，或者组合方式。在某种意义上，后一种了解比前一种了解更重要。

⑧要素在组织程度上的差别，可以使系统呈现不同的质态。例如，水的聚集状态的变化，就是由于水分子在组织程度上的变化引起的。这种情况可以简单地叙述如下：当温度发生变化的时候，构成水的分子在组织程度上要发生变化（当温度降低时，水分子趋于有序，但温度上升时，水分子趋于无序），这种变化要引起水的聚集状态的变化，即分别呈现三种不同的质态：固体、液体、气体。由此可见，由温度变化引起的水分子在组织程度上的

变化，可以使水呈现不同的质态。在社会生产中，由于组织程度的差别，同样数量的劳动力可以产生不同的效益。这种情况马克思在《资本论》中曾谈到过，恩格斯在《反杜林论》一书中转述了这一思想。他说："例如这样的事实：许多人协作，许多力量溶合为一个总的力量，用马克思的话来说，就造成了'新的力量'，这种力量和它的一个个力量的总和有本质的差别。"

从以上的事例，我们可以得出这样的结论：要素在组织程度上的差别，可以使系统呈现不同的质态。这个结论要求我们，在分析系统的过程中，不但要看构成它的要素的质和量，而且还要仔细考察要素的组织程度。

⑨由不同要素构成的两个系统，随着要素在量上和组织程度上的变化，而表现出不同的关系。例如，拿破仑在描述法国骑兵和马木留克兵之间战斗的情形时指出："两个马木留克兵绝对能打赢三个法国兵，一百个法国兵与一百个马木留克兵势均力敌，三百个法国兵大都能战胜三百个马木留克兵，而一千个法国兵则总能打败一千五百个马木留克兵。"拿破仑的描述被恩格斯引用，作为量变引起质变的例证。这个观点告诉我们：其一，要素质的好坏并不能决定系统质的好坏，这就是说，要素质的好，并不能决定系统质的好，要素质的坏，也不一定导致系统质的坏。其二，系统质由这样一些因素决定的，它们是：要素的质、量和组织程度。因此，在考察系统质的时候，必须综合这三种因素的情况，才能得出正确的结论，或达到预定的目的。

4. 动态观点

动态观点，是恩格斯系统思想中的又一观点。这一观点所要说明的问题是：物质的运动是由什么引起的？这种运动的真正源泉是什么？下面我们简单地谈谈恩格斯在这些问题上的看法。

①物体的相互作用构成运动。恩格斯指出："这些物体是互相

联系的，这就是说，它们是互相作用着的，并且正是这种相互作用构成了运动。"这一论述表明：是物体的相互作用构成了运动，或者说引起了运动。在这里，物体的相互作用无疑是产生运动的原因。但是，仅仅用这个原因还无法揭示运动的实质，要揭示运动的实质，还必须对物体的相互作用做进一步的分析。

②一切运动都存在于吸引和排斥的相互作用中。恩格斯指出："所以一切运动的基本形式都是接近和分离、收缩和膨胀，——一句话，是吸引和排斥这一古老的两极对立。""一切运动都是存在于吸引和排斥的相互作用之中。"这就是说，是吸引和排斥的相互作用，或者说，吸引和排斥的对立统一引起了运动。这才是运动的真正源泉。

以上，我们谈了恩格斯的动态观点，这种观点虽然没有用系统论的语言表述，但却比较好地解决了系统运动源泉的问题。恩格斯的观点，对今天的系统论来讲，仍有现实意义。

列宁的系统思想 *

毛建儒

在列宁的著作中，包含着丰富的系统思想。这些思想主要表现在以下几个方面：

一、自然界是一个互相联系的有机整体

在列宁看来，自然界是一个互相联系的有机整体。这一思想包括：第一，一切联系都是通过中介来进行的。第二，联系是世界性的、全面的、活生生的，并且是有规律的。第三，世界互相联系的情景，就像一条河和河中的水滴。

二、从事实的全部总和、从事实的联系中去掌握事实

自然界既然是一个互相联系的整体，那么，在认识自然界万事万物的过程中，就必须用联系的观点去分析和研究，必须掌握"这个事物对其他事物的多种多样的关系的全部总和"。不然的话，

---

* 节选自《中共山西省委党校学报》1991 年第 5 期，原题为《列宁的系统思想介评》。

就无法弄清事物的真实面貌，就会使分析和研究流于诡辩。列宁在这方面的思想主要包括：第一，分析问题，或者检验理论，必须以综合的材料，即事实的全部总和为基础。例如，对于辩证法，要用科学史所提供的全部材料的总和来证明它。第二，以个别实例为基础，就会陷入错误的泥坑。例如，普列汉诺夫把对立面的统一当作实例的总和，而不是认识的规律，这是他日后转向机会主义的一个重要原因。第二国际机会主义的头目在分析第一次世界大战时，局限于个别的事例，以枝节之论代替自在之物本身，结果得出了机会主义的结论。

三、人的认识层次

自然界是一个互相联系的有机整体，人在认识这个整体的过程中，并不能一下子就把握它的全部本质，而必须经过一个漫长的、艰难曲折的道路，这就使认识显示出层次性来。列宁对这个问题有很多论述，归纳起来就是：第一，人类的认识是一个过程。人类的认识不是简单的、直接的、完全的、照镜子那样的死板动作，而是复杂的、二重化的、曲折的、有可能使幻想脱离生活的活动。这种活动是一系列的抽象过程，即概念、规律等的构成、形成过程。例如，在 17 世纪，德国化学家施塔尔创立了燃素说。燃素说认为，燃素是由火微粒构成的火的元素，它充塞于天地之间，流动于雷电风云之中，包容于动、植、矿物之内。并用燃素来解释各种燃烧现象。但后来拉瓦锡发现，根本不存在什么燃素。他以新发现的氧建立了氧学说：①燃烧时放出光和热。②物体只有在氧存在时才能燃烧。③空气是由两种成分组成。物质在空气中燃烧时，吸收了其中的氧，因而加重，所增加之重恰为其所吸收的氧气之重。④一般可燃物质（非金属）燃烧后通常变为酸，氧是酸的本原，一切酸中都含有氧元素；而金属锻烧后即变为锻灰，它们是金属的氧化物。第二，认识的过程是无限的。为什么是无限的？其原因在于：①人类的认识必须具备三个要素，这三个要素是：自然界、人的认识＝人脑、自然界在人的认识中的反映形式——概念、规律、范畴等等。②人对自然界的认识，是通过概念、规律、范畴等反映形式进行的，而这些形式不能完全把握＝反映＝描绘全部自然界，只能不断地接近它。因此，认识的过程是无限的。第三，人的认识过程可分为各种不同层次。这种情况可表示成下面的形式：现象→本质。而本质又可分为：一级本质→二级本质→三级本质……这种形式与科学的发展是一致的。例如，在数学中：高中代数的多项式→学院代数的环→大学代数的范畴→范畴的范畴……在物理学中：光的微粒说→光的波动说→光的波粒二象说……在化学中：古典价键理论……在生物学中：拉马克的进化论→达尔文的进化论→新达尔文主义→现代达尔文主义……在人类社会中，马克思花了 40 年时间，完成了他的巨著《资本论》。这个过程就是一个由现象到本质、由不甚深刻的本质到更深刻的本质的过程。

四、反对把低级运动形式的规律不适当地推广到高级运动形式

在资产阶级学者中，经常混淆高级运动形式和低级运动形式之间的区别。他们或者把高级运动形式归为低级运动形式，或者把低级运动形式的规律不适当地推广到高级运动形式。例如，俄国的马赫主义者波格丹诺夫就是这样，他指出："社会选择的每一活动，就是与它有关的社会复合的能量的增加或减少。在前一种场合我们看到的是'肯定的选择'。"在这里，波格丹诺夫试图用

物理学和生物学的观点解释社会现象，是一种还原论的思想。

列宁对这种思想进行了严厉的批判，他指出："……生物学的一般概念，如果被搬用于社会科学的领域，就会变成空话。不论这样搬用是出于'善良的'目的或者是为了巩固错误的社会学结论，空话始终是空话。波格丹诺夫的'社会唯能论'以及他加在马克思主义上面的社会选择学说，正是这样的空话。"列宁的批判概括起来就是：若把生物学的概念和规律不适当地推广到社会领域，就会使这些概念和规律变成空话，而且没有什么事情比这种作法更无益、更死板、更烦琐。为什么会是这样呢？我们知道，按照恩格斯的观点，运动可以分为以下几种基本形式：机械运动、物理运动、化学运动、生物运动、社会运动。在这些基本运动形式中，高级运动形式包含低级运动形式。例如，化学运动包含物理运动、机械运动，生物运动包含化学运动、物理运动包含机械运动，等等。但包含并不是等同。用系统论的观点来说就是：系统（高级运动形式）不等于它所包含的要素（低级运动形式）。因此，把低级运动形式的规律推广到高级运动形式是不适当的。

五、真理是全面的

真理是全面的。关于这个问题，列宁指出："单个的存在（对象、现象等等）（仅仅）是观念（真理）的一个方面。真理还需要现实的其他方面，这些方面也只是好象独立的和单个的（独自存在着的）。真理只是在它们的总和中以及在它们的关系中才会出现。""真理就是由现象、现实的一切方面的总和以及它们的（相互）关系构成的""（观念）真理是全面的"。列宁的论述集中到一点就是：真理是全面的，是现实各个方面的总和。例如，牛顿的三大运动定律和万有引力定律，就是全面的，它们适应于一切低速运动的宏观物体，不管这些物体是太阳，还是地球，以及其他东西。真理为什么是全面的？这首先要弄清真理的内容。所谓真理，就是对客观事物及其规律的正确反映。真理的内容决定了真理必须是全面的。这是因为，第一，真理是对客观事物的正确反映，而任何客观事物都与其他事物处在普遍联系之中。因此，要正确地反映客观事物，必须把握它与其他事物的全部联系，这就决定了真理必须是全面的。第二，真理是对客观事物规律的正确反映，而规律贯穿于一切事物之中，即使是特殊的规律，在它所适应的范围内，也包括了所有的事物。这也表明，真理是全面的。

六、生物各部分之间的有机联系

生物各部分之间的有机联系，早在亚里士多德的时候，就已经认识到了。黑格尔则比较详细地发挥了这一思想，他指出："不应当把动物的四肢和各种器官只看作动物的各个部分，因为四肢和各种器官只有在它们的统一体中才是四肢和各种器官，它们绝不是和它们的统一体毫无关系的。四肢和各种器官只是在解剖学家的手下才变成单纯的部分，但这个解剖学家这时所处理的已不是活的躯体，而是尸体。"列宁继承了人类思想史上的这一优秀成果。他指出："《哲学全书》第 216 节：身体的各个部分只有在其联系中才是它们本来应当的那样。脱离了身体的手，只是名义上的手（亚里士多德）。"列宁的上述思想，除了历史渊源以外，还是他的普遍联系思想的具体应用。根据这一思想，自然界的一切事物都是互相联系着的，其中的每一个事物，都必须从联系中去把握，假如割断这种联系去认识事物，所得到的结论已不符合原来事物的真实面貌。生物作为自然界的一部分，当然也是这样，对它的各部分的认识，也必须在联系中进行，不考虑这种联系，孤立地去认识某一部分，就不会准确地把握它的质态。当然，这里应该指出的是：列宁关于生物各个部分有机联系的思想，不仅是他的普遍联系思想的具体应用，而且还是这一思想的进一步深化。为什么这样说呢？我们知道，整个自然界的事物，可以分为两个部分：无生命的物体和有生命的物体。这两部分的联系方式是不同的，其表现是：第一，无生物受外界的影响很小，有生物受外界的影响则比较大。例如，一场狂风暴雨，可能导致某些生物的死亡，但无生物却依然屹立。第二，无生物部分之间的联系不甚密切，而有生物各部分之间却有比较密切的联系。例如，一块石头，被碎成几部分之后，其质态仍可保持不变，而生物（如人体）的各个部分被分解之后，就不再具有原来意义上的质了。这就表明，无生物和有生物的联系方式是不同的。对有生物各部分之间联系方式的阐述，无疑是对普遍联系思想的发展。

七、马克思主义哲学是一块整钢

列宁认为，马克思主义哲学是一块整钢。他指出："在这个由一整块钢铁铸成的马克思主义哲学中，决不可去掉任何一个基本前提、任何一个重要部分，不然就会离开客观真理，就会落入资产阶级反动谬论的怀抱。"

马克思主义哲学为什么是一块整钢？这是因为：马克思主义哲学是真理，它正确地反映了自然、社会与思维的一般规律。而真理是全面的，是对事物各个方面的认识。这就决定了马克思主义哲学是一块整钢。马克思主义哲学是一块整钢的具体表现是：第一，唯物论和辩证法的统一。从哲学史上看，唯物论和辩证法有分有合。在古希腊哲学中，唯物论和辩证法是结合在一起的，但当时的唯物论和辩证法都是朴素的。到了近代，唯物论和辩证法开始分离，并分别与形而上学和唯心论结盟。马克思主义哲学的出现结束了这种分离，把唯物论和辩证法有机地结合在一起。这种结合与古希腊哲学的结合有着根本的差别，因为它是在科学的基础上进行的。第二，自然观和历史观的统一。在马克思以前的唯物主义哲学家中，自然观和历史观是对立的，连一些特别优秀的唯物主义哲学家也难以幸免。例如，杰出的唯物主义哲学家费尔巴哈，在自然观上是唯物主义的，但一到历史领域，就变成一个唯心主义者了。关于这种情况，恩格斯指出："……他作为一个哲学家，也停留在半路上，他下半截是唯物主义者，上半截是唯心主义者。"只是在马克思主义哲学出现以后，才结束了这种局面。马克思主义哲学不仅在自然观上坚持了唯物主义观点，而且还把这种统一贯彻到历史领域，这就把自然观和历史观有机地统一起来。

八、分析和综合

关于分析和综合，列宁指出：分析和综合的结合，——各个部分的分解和所有这些部分的总和、总计。这一论述正确地阐明了分析和综合的关系。所谓分析，就是把事物分解为它的要素、部分和方面，以便达到认识它的目的。这种方法在认识事物的过程中是必要的。关于这个问题，列宁指出："如果不把不间断的东西割断，不使活生生的东西简单化、粗糙化、不加以割碎，不使之僵化，那么我们就不能想象、表达、测量、描述运动。思维对运动的描述，总是粗糙化、僵化。不仅思维是这样，而且感觉也是这样；不仅对运动是这样，而且对任何概念也都是这样。"分析方法对于认识事物是必要的。但也存在缺陷：采用这种方法的过程中，必须把事物分割（分解）成部分或要素。在这种分割过程中，由于割断了事物与要素、要素与要素之间的联系，因而无法把握事物的全貌，有时甚至歪曲事物的真实情况。分析方法的这个缺陷，在无生物中表现得还不甚明显，因为对这些物体的分析，只要限定在一定的范围内，所得到的部分仍保持原来物体的质。例如，一块木料分成八块，其中任何一块都不会丧失原来本料的质。而在有生物中，就不一样了，由于这些物体是一个有机的整体，其中任何一部分都不能脱离整体，如果脱离整体，就会丧失自己原来的质。例如，若把脑从人体中分割出来，这时的脑已不是原来意义上的脑了。分析方法的缺陷可以借助综合来克服。所谓综合，就是把事物的要素部分和方面结合为一个整体，以便达到认识它的目的。综合是以分析为基础的，在分析之后才能综合，为了加深综合，还必须进一步分析。这种情况可以无限的进行下去。分析和综合不仅互为前提，而且在实践中还互相渗透，即分析中渗透着综合，综合中渗透着分析，纯粹的分析和纯粹的综合都是不存在的。由此可见，把分析和综合结合起来，就可以克服各自的缺陷，达到认识事物的目的。这就是列宁思想的实质所在。

综上所述，我们从八个方面论述了列宁的系统思想。当然，列宁的系统思想并不仅仅局限于这八个方面。但从这八个方面，我们就可以看到列宁的系统思想是很丰富的。挖掘并整理列宁的系统思想，是摆在我们面前的一项艰巨任务。

（作者为太原科技大学教授）

毛泽东的系统思想 *

罗绪春　贺超海　雷丽芳　吴俊

毛泽东曾指出："不论做什么事，不懂得那件事的情形，它的性质，它和它以外的事情的关联，就不知道那件事的规律，就不知道如何去做，就不能做好那件事。"这话是以否定的方式讲述的，讲的是系统思维，用的主要是非系统科学的语言。翻译成系统科学语言，事情就是系统，"情形"指的是系统的组分（要素）、结构和状态，"它以外的事情"指的是系统的环境，而性质和规律也是系统科学常用的概念。如果用正面肯定的方式表达，毛泽东的意思是："不论做什么事，都要把它当作系统，只有懂得它的组分、结构、状态、性质、它和环境的关联，才能做成做好那件事。"

一、毛泽东的整体观

系统思想的核心首先是整体观，即钱学森提出的"要从整体上考虑并解决问题"。系统即"系多为一统"，系统的多样性、相关性和一体性，产生了系统的整体性。

---

* 节选自《系统科学学报》2015 年第 1 期，原题为《毛泽东系统思想初探（一）》，收录时略有改动。

（一）全面性观点

在毛泽东著作中，全面性观点是最基本的观点。如抗日战争中毛泽东站在世界系统的高度，把敌我双方以及其他相关国家作为互相影响的整体，分析敌、我双方在战争中的全部基本要素。《论持久战》通过分析敌我力量对比，指出要全面考虑双方的军力、经济力、政治组织力、战争性质、国家大小、国际形势等要素，进而概括出一个具有普遍意义的观点：我们研究问题要掌握的"是战争的全部基本要素，而不是残缺不全的片段"。他说的是战争，但也适用于所有系统。简言之，这叫作"全要素"观点。系统科学讲的全面性有多方面含义，第一位的是掌握全部要素，而不满足于部分要素。片面性观点首先表现在要素不全，抓住"残缺不全的片段"就枉下结论。抗日战争中出现"速胜论"和"亡国论"的论调，就是因为持这两种论调的人只看到战争中一些残缺不全的要素，把它们夸大并作为全部问题的论据，从而做出了错误的判断。毛泽东则通过对战争系统的"全要素"分析，得出了抗日战争既不可能"速胜"，也不可能走向"亡国"，而是要通过"持久战"才能取得最后的胜利。历史证明了毛泽东判断的正确。

毛泽东指出："世界上的事情是复杂的，是由各方面的因素决定的。看问题要从各方面去看，不能只从单方面看。""所谓片面性，就是不知道全面地看问题……一句话，不了解矛盾各方的特点。这就叫做片面地看问题。或者叫做只看见局部，不看见全体，只看见树木，不看见森林。"这些都反映了毛泽东重视分析矛盾的各个方面，善于把握全局的系统思想。

（二）结构观点

毛泽东极少使用结构的概念，他常讲的是关系。在《中国社会各阶级的分析》一文中，毛泽东把当时的中国社会划分为地主阶级、买办阶级、中产阶级（主要是指民族资产阶级）、小资产阶级、半无产阶级、无产阶级、游民无产者等几个阶级。用系统语言讲，这些阶级是构成中国社会的全部要素。通过对这些阶级的经济地位及其对于革命的态度的分析，明确给出"谁是我们的敌人？谁是我们的朋友？"这个革命首要问题的解答。这里的"敌人"和"朋友"即指系统要素之间的关系问题，即指系统的结构。

毛泽东在《论十大关系》一文中谈到的"十大关系"是社会主义建设和改造的内容，本质上都是中国社会作为系统的结构问题。处理好它们之间的关系，就是把握了系统与系统、系统与分系统、分系统与分系统之间的关系问题。

（三）整体与部分的关系

任何系统都包含许多矛盾，整体与部分的矛盾是系统最主要的矛盾。毛泽东在《中国革命战争的战略问题》一文中详细论述了全局与局部的关系，也就是整体与部分的关系问题。他说："懂得了全局性的东西，就更会使用局部性的东西，因为局部性的东西是隶属于全局性的东西的。然而全局性的东西，不能脱离局部而独立，全局是由它的一切局部构成的。"这明确表述了全局与局部，也就是整体与部分的关系。他还强调在考虑部分与整体的关系时，要善于抓住主要矛盾，"……（也）就是注意那些有关全局的重要关节"。例如，锦州战役就是辽沈战役整体中的重要关节，毛泽东站在战略的高度看，认为应该先打锦州，因为锦州是东北的门户，可以把国民党军封锁在东北境内加以各个歼灭。

毛泽东还强调局部一定要照顾全局。共产党员必须懂得"以局部服从全局"、"（局部）照顾全局"的道理。他说："如果某项意见在局部的情形看来是可行的，而在全局的情形看来是不可行的，就应以局部服从全局。反之也是一样……。这就是照顾全局的观点。"西安事变中，有人主张对蒋介石无限期地监禁，有人主张公开审判，更有人主张把蒋介石杀掉。毛泽东则引用《三国演义》中诸葛亮七擒七纵孟获的故事来说服党内同志。他说杀掉蒋介石很容易，"但是中央主张现在不叫他的脑袋搬家，因为杀了他就没有戏唱了，这是对抗日不利的。何况杀了他，还会有蒋介石第二、蒋介石第三。中央也不主张把他关起来，而是主张把他放了。过去诸葛亮对孟获还七擒七纵，对蒋介石为什么不可以一擒一纵呢？"共产党对蒋介石的处理政策就是局部照顾整体的体现。整体观也叫全局观。"凡属带有要照顾各方面和各阶段的性质的，都是战争的全局。"在平津战役中，我军为防止傅作义集团向西或向南运动转移，对其采取"围而不打"的方针，将其主力牵制在华北战场，以此拖住傅作义，不让其去增援淮海战场的国民党

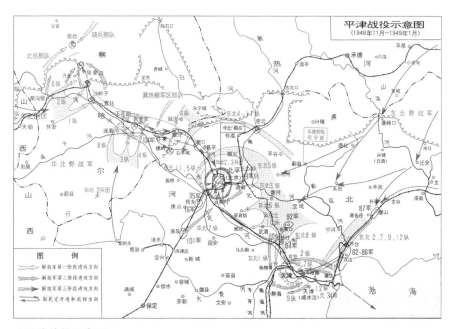

◇平津战役示意图

军。当时从局部出发，是完全可以打败傅作义的，但是从全局出发则不能打，因为如果傅军在决战中失利，傅作义很可能为保存实力而放弃华北加入中原、华东，那么解放战争很可能是另一种态势。

（四）整体涌现性

毛泽东强调团结就是力量，他多次用手掌和拳头来说明，"只有五指紧握成拳头打出去才有力量"。这就是整体涌现性的表现。他还曾作过这样的比喻："群众没有团结组织起来，好比一堆散沙，缺乏力量，我们要用泥把这堆散沙胶在一起，捏成一团，使任何敌人都打不破。反革命打不破我们，我们却可以打破反革命。"强调"组织起来"对于实现系统的整体涌现性的重要作用。

"整体涌现性归根结底源于四种效应：组分效应、规模效应、结构效应和环境效应。综合言之，整体涌现性是一种系统效应。"系统的整体涌现性也有正负之分，把非系统的存在整合为系统，有时可能事与愿违，出现"系统病"，实际效果还不如非系统，所谓"三个和尚没水吃"。在革命实践过程中，毛泽东很注重并且很擅长创造或利用各种条件使我方系统实现整体涌现性，发挥系统的正面综合效应；同时破坏敌方系统的结构，使敌方的系统产生负面的综合效益，即所谓的"对称破缺"。

（五）把握整体的方法论

毛泽东明确提出要用"对各部分分析之后再有秩序地综合成整体"的方法来研究和解决问题。在论述农村调查的方法时，毛泽东举如何观察延安的例子："第一步的观察只能看到这件事物的大体轮廓，形成一般概念"；"第二个步骤，用分析方法把延安的各部分有秩序地加以细细的研究和分析"；"然后第三步再用综合法把对各部分的分析加以综合"。现代系统科学强调，在研究系统时不是不要分析，而是不能仅仅停留于分析，要在分析的基础上进行综合，而且是有秩序的综合，必须重新回到整体。

二、毛泽东的系统环境观

（一）什么是系统的环境

系统和"它以外的事情的关联"这一说法，虽然没有提到环境，却包含着对环境的定义。一个系统的环境是由它以外的事物构成的，所以毛泽东常讲周围环境。外面的事物无穷无尽，环境则是由那些与系统有关联的事物构成的，再考虑到毛泽东特别强调的全面性观点，环境应该包含与系统有关联的所有外部事物，而不是残缺不全的片段。综合言之，在毛泽东的心目中，环境就是系统以外与系统有关联的事物的总和。

（二）环境划分的相对性

系统因环境的限制而设定，反之，环境也因系统而存在。系统和环境的边界是相对的、变化的。系统的变化会引起环境的变化，而环境的变化也会造成系统的变化，不存在单向的变化，也就是哲学上所讲的"你中有我，我中有你"，二者没有明确的因果界限。

表1　中国革命的环境分析

革命阶段	环境分析		斗争方式
	主要对手	主要朋友	
大革命	北洋军阀、官僚、买办阶级、大地主阶级	国民党、半无产阶级、小资产阶级	民众（工人、农民、学生）运动
土地革命	国民党	农民	红色割据、农村包围城市
抗日战争	日本帝国主义	地主、富农、中农、贫农、雇农、佃农、手工业者、工人、知识分子等	全民抗战、统一战线
解放战争	美国支持下的国民党	农民、工人、部分知识分子	解放战争、两条战线

表1是中国革命的环境分析。若将共产党视为系统，那么主要对手和主要朋友构成环境的重要部分。而如果将系统设定为一切革命的力量，主要朋友就从环境转化为系统，组成环境的系统发生变化，环境也就随之变化。环境的变化必然会影响共产党整个系统功能的发挥。抗日战争的三个阶段中，抗日力量壮大的原因之一是共产党的环境，即"政治、军事、文化和人民动员"以及经济方面都有了不同程度的新发展。

中国共产党很早就意识到"团结大多数群众，最大限度地孤立敌人"的重要性，团结群众是将环境中的有利因素转化为革命的力量，而化敌为友、孤立敌人是将环境中的不利因素转化为有利因素。

（三）环境的客观存在性

"无论何人要认识什么事物，除了同那个事物接触，即生活于（实践于）那个事物的环境中，是没有法子解决的。"这表达了环境对于整体认识系统的重要性，忽视环境的客观存在性可能会造成对系统片面的或者非本质性的认识。

（四）环境的系统性

环境的定义告诉我们，某个具体系统和这个系统以外的系统互为环境。环境包含着复杂丰富的内容。毛泽东历来注重调查研究，所以强调每到一处都要"对周围环境做系统的周密的研究"。"周密"就是全环境观点的体现，即要求全面地了解环境及其与系统的关系。软系统方法论不仅要求认识环境中的显性要素，更要重视环境中隐性的利益相关者。

（五）环境的规律性

如果只"抓住表面抛弃实质的观察，……对于一般情况的实质并没有科学地加以分析"，或者"不自觉地把这种一时的特殊的小的环境，一般化扩大化起来"，环境就会具有迷惑性，容易造成错误的判断，甚至产生悲观情绪。土地革命时期，针对"红旗到底可以打多久"的疑问，毛泽东坚持认为星星之火"在中国的环境里不仅是具备了发展的可能性，简直是具备了发展的必然性"。系统的生存、演化、发展必然离不开环境，那么星星之火红色根据地作为系统也如此。所以讲，星星之火能够保存并且发展壮大，并不在于其能量有多大，而在于有其适宜燃烧的环境。而毛泽东之所以能够做出被实践证明是正确的结论，源于他准确地分析了根据地系统之外的复杂环境，把握了环境内部的分系统之间斗争和关系的本质，从而有力地回击了"只观察表面现象不观察实质的同志们"的质疑。

（六）环境的动态性

如果把中国视为系统，其之外的一切事物的总和就构成了这个系统的环境。毛泽东指出，抗日战争三个阶段的环境并非一成不变，而是动态变化的。中国革命即使是进步的、正义的，也必然要求一定的外部环境，才有成功的可能性和必然性。从卢沟桥事变到太平洋战争爆发、世界反法西斯战线形成，直至苏联红军出兵东北，世界革命连成了一片，中国革命在融合了一切有利环境和条件后方才取得胜利的成果。

（七）环境与系统的互塑性

环境和系统的联系表现为双向塑造的关系。毛泽东认为："每一事物的运动都和它的周围其他事物互相联系着和互相影响着。"这就是说，环境塑造系统，系统也塑造环境。毛泽东提出革命队伍在从事农村经济工作时，要"按照具体的环境、具体地表现出来的群众情绪，去发展合作社，去推销公债，去做一切经济动员的工作"。也就是说，系统需要在把握周围环境规律的基础上，能动地调整系统的要素、结构，才能表现出与环境相匹配的功能。

（罗绪春，南昌航空大学马克思主义学院教师；贺超海，南昌工程学院马克思主义学院教师）

论邓小平理论科学体系中蕴涵的系统思想 *

申丹虹

邓小平是我国社会主义改革开放和现代化建设的总设计师，邓小平理论是关于建设有中国特色的社会主义理论，而建设有中国特色社会主义涉及到经济、政治、文化、军事、外交、祖国统一、党建等多方面，是一个复杂的社会系统工程。系统的存在决定了人类关于系统的意识，邓小平理论的科学体系体现了系统思想的运用。

一、邓小平对社会系统工程的总体设计

中国的社会主义现代化建设作为一个复杂巨系统，是一种多维空间，至少应是一个"三维结构"：时间维、空间维、动因维。这就是说，现代化建设作为一个特大的动态系统，从时间方面看，不是"一次性"的暂时现象，而是呈现多阶段不断发展的现象；从空间方面看，中国的现代化发展模式既不同于前苏联模式，也不同于欧美模式，是有"中国特色"的，即使中国西部也不能照搬照套东部发展模式；从动因方面看，现代化过程是多种要素相互作用的动态耦合过程。下面分别加以阐述。

---

* 选自《山西高等学校社会科学学报》2002 年第 1 期。

1.时间维。在我国落后的生产力基础上，要实现社会主义现代化是一项十分艰巨的事业，这需要经过长期的有步骤分阶段的奋斗。邓小平从1979年到1987年经过8年时间的思考和探索，设计了分"三步走"的战略步骤：第一步，从1981年到1990年，国民生产总值翻一番，解决人民的温饱问题；第二步，从1991年到20世纪末，国民生产总值再翻一番，使人民生活达到小康水平；第三步，到21世纪中叶，人均国民生产总值达到中等发达国家水平，人民生活比较富裕，基本实现现代化。到目前为止我们的第一、第二步目标基本实现。邓小平提出的台阶式发展也是从时间的角度设计现代化进程的。他说："可能我们经济发展，总要力争隔几年上一个台阶。"江泽民在十五大报告中展望今后的目标："第一个十年实现国民生产总值比2000年翻一番，使人民的小康生活更加宽裕，形成比较完善的社会主义市场经济体制，再经过十年的努力，到建党一百年时，使国民经济更加发展，各项制度更加完善；到下世纪中叶，建国一百年时，基本实现现代化，建成富强、民主、文明的社会主义国家。"

2.空间维。中国现代化建设离不开世界，但既不能照搬欧美模式，也不能照套东亚模式，而必须走自己的"有中国特色"的社会主义道路。这种特色表现在政治、经济、文化各个方面。政治上实行有主导的民主政治，即在中国共产党领导下的多党合作和政治协商的社会主义民主制度，无论其国体——人民民主专政，还是政体——人民代表大会制度都具有鲜明的中国特色。经济的多元化，多种经济成份并存带来投资主体多元化继而引起多种分配方式并存。文化取向以社会主义和中华传统文化为依据，并使二者有机融合。同时，中国地域辽阔，各个区域的地理位置、资源禀赋、人口密度和素质、技术水平及原有的发展基础等条件的不同，造成区域经济发展的不平衡性，为此邓小平提出让"一部分地区，一部分人先富起来的先富带后富"的区域不平衡发展战略：东部地区首先实行了"市场取向"的改革，对外开放首先从开放东部开始，随着东西部差距的扩大，我国政府又及时提出了"西部大开发"战略。

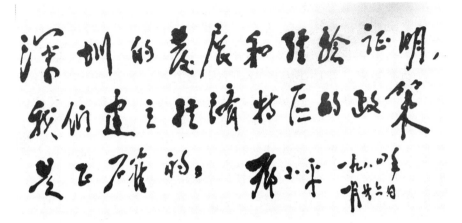

◇ 1984 年 1 月 26 日，邓小平视察深圳特区后题词。

3.动因维。现代化的实现，要受到多种要素的约束，这些要素分别是制度性要素、资源性要素、科技性要素、文化性要素。

（1）制度性要素。通常分为制度——体制——政策三个层次。阻碍我国现代化顺利进行的关键是传统的僵化体制，所以改革是邓小平理论的一个重要组成部分，其目标是要从根本上改变束缚我国生产力发展的经济体制，建立充满生机和活力的社会主义市场经济体制，同时相应地改革政治体制和其他方面的体制，以实现社会主义现代化。改革既是社会主义制度的自我完善，同时也是中国的第二次革命。目前，束缚现代化建设的体制性因素基本消除，但还有待于各项政策的健全和完备。

（2）资源性要素。资源性要素包括自然资源、资金、劳动力、区位机遇等。自然资源是我国进行现代化建设的必备条件和前提，但随着经济发展的进程，资源耗竭、生态失衡、环境污染被认为是制约经济增长和顺利发展的最大障碍之一。于是可持续发展战略就成为我国进一步发展的明智选择。邓小平理论已蕴涵了这样的思想，他强调，"要采取有力的步骤，使我们的发展能够持续、有后劲。"资金不足对于发展中国家来说，恐怕是发展的最大限制了，于是吸收外资就成为我国对外开放的重要内容之一，邓小平十分重视外资的作用，他强调："吸收外资肯定可以作为我国社会主义建设的重要补充，今天看来可以说是不可缺少的补充。"对于劳动力要素，我国丰富的劳动力资源既可成为经济发展的有利条件，但人口众多且低素质又成为经济发展的制约因素。区位即经济地理上的特定位置，作为一种有形的发展要素，愈来愈被人们所认识。邓小平的对外开放格局的形成，从特区的建立到上海浦东的开放，正是看准了这些地区对经济发展的"窗口"作用和辐射作用。机遇是一种无形的要素，是由于外部环境的改变或内部结构的演变而出现的有利于发展的时机，机遇"稍纵即逝"，所以邓小平多次指出要"抓住机遇"。"对于中国来说，大发展的机遇并不多。""我就担心丧失机会。不抓呀，看到的机会就丢掉了，时间一晃就过去了。"

（3）科技性要素。如果说，资源性要素在工业化发展时期有举足轻重的地位，那么科技要素在知识经济时期则具有决定性的作用。邓小平十分重视科技和科技人员的作用，邓小平复出工作，首先抓教育和科技，在1978年全国科学大会上，他以很长篇幅的讲话论述两个问题，一个是科学技术是生产力，他提出的"科技是第一生产力"比"知识经济"这一概念的提出还要早，可见邓小平理论的科学性和前瞻性。再一个，科技人员是劳动者，科技和教育又重新回到它应有的位置。

（4）文化性要素。它也是一种无形的但十分重要的发展要素，它对于现代化建设起着深层次的、潜移默化的作用。邓小平理论十分重视文化尤其是精神文明的战略地位，他反复强调"我们现在搞两个文明建设，一是抓物质文明，一是搞精神文明。""不加强精神文明的建设，物质文明的建设也要受破坏，走弯路。光靠物质条件，我们的革命和建设都不可能胜利。"

二、邓小平理论体现出的系统特征

"所谓系统，是由相互依存、相互作用的若干元素结合而成的具有特定功能的综合体。"它具有集合性、相关性、目的性、环境适应性、相对性、总体性等特征。邓小平的建设有中国特色的社会主义理论正体现了系统的这些特征。

1. 集合性。指组成系统的元素至少有两个。我们把建设有中国特色的社会主义看作复杂的社会系统工程，它至少包括经济、政治、文化三个方面。邓小平理论科学而系统地回答了当代中国现代化建设的一系列问题，作为一个完整的科学体系，其构成可用下图简要表示：

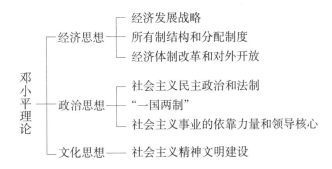

2. 相关性。所谓相关性是指系统各元素之间以及系统与环境之间存在着这样那样的联系。邓小平理论的各组成部分是相互联系、相互影响的统一体。其中建设中国特色的社会主义经济是基础，邓小平在第三次复出后首先关心的是人民群众的生活问题。"社会主义必须大力发展生产力，逐步消灭贫穷，不断提高人民的生活水平……因此，要迅速地把工作重点转移到经济建设上来。"

所以我国首先进行了农村经济体制的改革及随后的国有企业改革。这些改革都取得了世界瞩目的成效。当然在进行经济体制改革的同时，必然进行政治体制改革。邓小平指出："政治体制改革同经济体制改革应该相互依赖，相互配合。只搞经济体制改革，不搞政治体制改革，经济体制改革也搞不通，因为首先遇到人的障碍。"随着经济建设取得了伟大成就，人民生活水平的提高，文化领域出现了一些令人不安的现象，邓小平深知这一问题的重要性，1979年他指出："我们要在建设高度物质文明的同时，提高全民族的科学文化水平，发展高尚的丰富多彩的文化生活，建设高度的社会主义精神文明。"可见，经济、政治、文化是社会主义现代化建设相互依存的三个主要方面，要整体推进，防止畸形发展。

3. 目的性。社会主义现代化建设的目标不是单一的，而是多方面的。党的十三大完整概括了党的基本路线，提出把我国建设成为富强、民主、文明的社会主义国家，这就是现代化的目标，党的十五大进一步把目标具体化为经济、政治、文化三个方面。经济——在社会主义条件下发展市场经济，不断解放生产力和发展生产力。政治——在中国共产党的领导下，在人民当家作主的基础上，依法治国，发展社会主义民主政治。文化——以马克思主义为指导，发展面向现代化、面向世界、面向未来的，民族的科学的大众的社会主义文化。

4. 环境适应性。是指在千变万化的环境中，经济系统具有随着环境的变化而不断改变自身的能力。社会主义现代化建设是在国际国内发生变化的情况下才得以顺利进行，国际上世界格局由两极对峙朝着多极化方向发展，和平与发展成为时代主题。从国内环境来看，"文化大革命"在经济、政治、文化各个方面所造成的严重后果使人们想尽快走向一条新的道路。同时，邓小平理论不是一成不变、僵化的，而是随着环境的变化不断变化和发展的，是动态的。比如，随着改革开放后各种经济成分的不断发展，十五大提出重新认识公有制经济的含义及主体地位，随着知识经济的来临，我们及时调整发展战略，由原来的工业化转变为工业化与信息化并举。

5. 相对性。是说系统范围的划分是相对的。对于一个国家来说，现代化建设是一个全局，经济建设只是它的一个局部，经济建设又可分为若干层次，国民经济——农村经济——农业经济——种植业经济——粮食经济等。对于每个层次来说，它也可以把自身的小系统作为全局，来研究它的发展战略。这种层次性就形成系统的相对性。

6. 总体性。总体思想，全局观念是系统思想的精髓，现代化建设的本质是要解决整个系统的最优化发展问题，是为了在千变万化的国际国内环境中取得全局的主动性，获得更大的发展。邓小平早在1975年主持中央日常工作期间就曾指出："现在有一个大局，全党要多讲。大局是什么？……把我国建设成为具有现代农业、现代工业、现代国防和现代科学技术的社会主义强国。全党全国都要为实现这个伟大目标而奋斗。这就是大局。"江泽民继承和发展了邓小平理论，他在党的十四届五中全会讲话中指出："我们要善于统观全局，精心谋划，从整体上把握改革、发展、稳定之间的内在关系，做到相互协调，相互促进。"

7. 开放性。在经济全球化的今天，"任何一个国家要发展，孤立起来，闭关自守是不可能的，不加强国际交往，不引进发达国家的先进经验、先进科学技术和资金，是不可能的"。"中国要谋求发展，摆脱贫穷和落后，就必须开放。"我国的对外开放政策正是从中国和世界经济的关系中，从战略的角度制定的。从经济特区建立到全方位对外开放格局的形成，从引进资金、技术、人才到双向交流，无不体现了邓小平理论的开放性。

（作者为中北大学教授）

党的第三代领导集体的系统思维
与"三个代表"思想*

常远

一、第三代中央领导集体的系统思维

系统工程是当今世界公认的、经过国内外宏观与微观多领域实践检验的、最为先进的科学决策和科学管理模式。新中国成立后，面对帝国主义的武力干涉和威胁，我国几乎是在"小米加步枪"的水平上独立自主地开展一系列核武器、导弹核武器、卫星等大规模国防科学技术研制工作的。在第一代中央领导集体指挥下所取得的大规模国防科学技术研制工作的巨大成功，为中国赢得重要的国际地位和强大的国际形象，作出了卓越贡献。著名科学家钱学森等人，从中总结出了一系列系统工程经验。

粉碎"四人帮"以后，钱学森、许国志等人大力倡导将系统工程的应用全面推广到整个社会系统，倡导用现代科学方法建设社会主义，包括运用于社会主义法制建设——法治系统工程，得到了第二代中央领导集体的积极支持。

中国共产党第三代中央领导集体提倡并运用马克思列宁主义、

---

* 节选自《学术研究》2001 年第 6 期。

毛泽东思想、邓小平理论和现代系统科学思维方式，把对新世纪中国共产党执政下的社会主义建设事业的认识纳入了先进的系统框架。系统思维常常出现在中国共产党第三代中央领导集体的言谈话语和重大决策中。

江泽民早年毕业于上海交通大学电机工程系，又多年从事科技工作，能够熟练运用系统思维。他在专程祝贺钱学森同志取得系统科学领域举世瞩目的成就时，曾高度评价说："系统工程是处理复杂系统所用的方法，它使我们学到一种处理任何工作，思考任何问题的方法，把方方面面都想到，处理得更周密，更完整。"

在中共十四大报告中，江泽民指出："建立和完善社会主义市场经济体制，是一个长期发展的过程，是一项艰巨复杂的社会系统工程。既要做持久的努力，又要有紧迫感；既要坚定方向，又要从实际出发，区别不同情况，积极推进。"

江泽民还曾指出："我们的改革，是一项复杂的、巨大的系统工程，包括经济、政治、教育、科技、文化体制等方面的改革，需要互相协调、配套进行。"他担任上海市长期间主持的一系列筹建"南浦大桥"科学决策，就是将系统工程科学方法具体运用于社会主义建设的典范。

1997年9月12日，江泽民在中共十五大报告中提出了面向新世纪，全面推进党的建设新的伟大工程的总目标。指出：要把党建设成为用邓小平理论武装起来、全心全意为人民服务、思想上政治上组织上完全巩固、能够经受住各种风险、始终走在时代前列、领导全国人民建设有中国特色社会主义的马克思主义政党；同时还指出"依法治国，建设社会主义法治国家"的方针。同年12月15日，他在全国政法工作会议上进一步指出："实行依法治国，建设社会主义法治国家，是一项复杂的社会系统工程……"。

在江泽民主持下，党中央、国务院于1991年2月19日作出了《关于加强社会治安综合治理的决定》。该《决定》再次明确指出："社会治安综合治理是一项系统工程。"随后，全国人大在此基础上于 1991 年 3 月 2 日作出了《关于加强社会治安综合治理的决定》。《决定》公布时，《人民日报》《法制日报》均发表社论强调"社会治安综合治理是一项系统工程"这一党中央提出的论断。

在教育方面，江泽民、李岚清都强调：教育是一个系统工程。

2000 年 6 月 1 日，胡锦涛在中国少年先锋队第四次全国代表大会上发表贺词时指出：教育培养少年儿童是一项艰巨而复杂的系统工程，学校、家庭、社会各个方面都要密切配合，齐抓共管，努力形成全社会关心少年儿童、爱护少年儿童、为少年儿童办好事、为少年儿童作表率的良好风尚。

针对水利工作，江泽民 1996 年 6 月在视察小浪底水利枢纽工程发表讲话时指出："治水是一个系统工程，一个很大的工程，要统一规划，科学管理，合理利用。"

2000 年 12 月 14 日，全国人大环境与资源保护委员会、全国人大农业与农村委员会召开会议，听取黄河治理工作情况的汇报。李鹏发表讲话指出："黄河治理是个系统工程，建议国务院尽快制定有关法规，在这个基础上制定相关的法律，使黄河治理工作依法进行。立法机关要和行政部门密切协调，抓紧修改水法的工作。"

1998 年 11 月 18 日，李岚清在中国农科院召开了农业科研与节水灌溉专家座谈会。他在会上发表讲话指出：农业节水是一个系统工程，千万不要认为节水灌溉只是水利、农业部门的事，各有关部门要联合起来管，要加强联合。

针对军队建设，江泽民在 2000 年 3 月参加九届全国人大三次会议解放军代表团全体会议时指出："我军的现代化建设是一个系统工程，各级党委和领导干部要把握全局，注意从全局上思考和处理问题。"

针对西部开发，江泽民、朱镕基、李瑞环都一再强调：实施西部大开发是一项长期、巨大、复杂的系统工程。江泽民在主持中央人口、资源、环境工作座谈会发表讲话时指出："实现我国经济和社会跨世纪发展目标，必须始终注意处理好经济建设同人口、资源、环境的关系。……人口、资源、环境这三方面的工作，是一个具有内在联系的系统工程。各级党委和政府要加强领导，协调各有关部门，动员全社会的力量，搞好这项系统工程。"

国家创新系统是指一个国家内各有关部门和机构间相互作用而形成的推动创新的网络，是由经济和科技的组织机构组成的创新推动网络。根据江泽民提出要"真正搞出我们自己的创新体系"的要求，党中央、国务院在中国科学院启动了国家知识创新工程试点。江泽民在中共中央、国务院召开的全国技术创新大会上发表重要讲话时指出："进一步加强技术创新，发展高科技，实现产业化，这是一项系统工程。"

……

综上所述，中国共产党第三代中央领导集体提倡并能够熟练掌握现代系统科学思维方式。

二、"三个代表"思想体系是第三代中央领导集体建党治国的科学思维、系统思维与创新思维

2000年2月19日，江泽民在广东提出："要把中国的事情办好，关键取决于我们党，取决于党的思想、作风、组织、纪律状况和战斗力、领导水平。只要我们党始终成为中国先进社会生产力的发展要求、中国先进文化的前进方向、中国最广大人民的根本利益的忠实代表，我们党就能永远立于不败之地，永远得到全国各族人民的衷心拥护并带领人民不断前进。"对此，我开始从社会系统理论的角度思考、研究这一思想体系的内在结构。通过

深入地思考、研究，我发现："三个代表"思想体系是第三代中央领导集体的科学思维、系统思维与创新思维，对中国社会系统的发展将产生重大影响。根据系统科学观点，国家与政党都是开放、动态、复杂的社会系统。在充满希望和挑战的21世纪，共产党领导下的社会主义现代化建设事业（国家建设）与共产党的自身建设（政党建设），都是规模宏大的系统工程。

（一）"三个代表"思想体系，是中国共产党第三代中央领导集体将马克思主义基本原理和建党原则通过综合集成，归纳、提炼、创造出的一个紧密联系的有机整体，为21世纪马克思主义理论系统增添了充满生命力的新鲜血液。

1."三个代表"思想系统，是对马克思主义建党学说的继承、运用和创造性发展，从党在社会形态或社会结构的经济、文化、政治三大方面的先进性，集中体现了党的根本性质，是党的立党之本、执政之基、力量之源。

2."三个代表"思想系统，是对马克思主义国家学说的继承、运用和创造性发展，从社会形态或社会结构的经济、文化、政治三大方面集中反映了社会主义的本质。

社会系统是一个开放、动态、复杂的有机整体。根据钱学森对马克思主义社会形态理论的探索，社会系统包括经济的社会形态、意识的社会形态、政治的社会形态。相应地，我们也可以将社会系统划分为社会的经济系统、意识系统、政治系统。它们之间相互联系、相互依赖、相互作用，不可分割。因此，对经济的社会形态、意识的社会形态、政治的社会形态的要求，也是相互联系、相互依赖、相互作用，不可分割的。只有在整体上代表社会系统先进的经济社会形态、先进的意识社会形态、先进的政治社会形态的先进政党和先进国家，才具有最大的生命力。因此：

第一，先进的经济社会形态，必须始终代表先进社会生产力的发展要求。

第二，先进的意识社会形态，必须始终代表先进文化的前进方向。

第三，先进的政治社会形态，必须始终代表最广大人民的根本利益。

（二）"三个代表"的系统结构。

人类基于共同合作和避免冲突这两大需要，形成了社会系统，也产生了法律。作为社会系统的成员，人有两大基本需求：物质需求和精神需求。人类通过社会系统的物质文明建设来满足自身的物质需求；通过社会系统的精神文明建设来满足自身的精神需求。最有效地满足这两大需求，便是人的基本利益所在。在物质文明建设和精神文明建设的进行中，需要对社会系统进行有效地整体管理和控制，以便最优地实现人类的整体利益，这便需要通过政治文明建设来完成。

法治系统是社会控制系统，因而也是政治文明的重要组成部分。由于最大多数社会成员的利益是决定整个社会系统发展的重要驱动力。所以只有始终能够最大限度地代表最广大人民根本利益的政治体制和政党，才能得到最广大人民最大程度的拥护；只有始终代表最广大人民根本利益的事业，人民群众才会广泛地拥护，并以最大的动力投身其中。

1. "三个代表"思想科学地揭示了政党系统的成败规律和政党建设的基本原则。在各个发展时期和各种具体条件下，我们都应当运用系统思想，在党建工作中实现"三个代表"的高度统一，把中国共产党建设成为在整体上始终代表先进的经济社会形态、先进的意识社会形态、先进的政治社会形态的先进政党。这样的执政党，才具有最大的生命力。能否使我党在 21 世纪更好地贯彻"三个代表"，始终成为最先进的政党，这是对我党执政水平和领导水平的一大考验。只有把"三个代表"的科学思想真正地落实在建设有中国特色社会主义的全部环节之中，党才能在 21 世纪开放、动态、复杂的社会系统工程实践中继续发挥它的先进性，成为建设有中国特色社会主义的坚强领导核心。

2."三个代表"思想科学地揭示了社会系统的进化规律和国家建设的基本原则。在各个发展时期和各种具体条件下，我们都应当运用系统思想，在国家建设中实现"三个代表"的高度统一，把中国建设成为在整体上始终代表先进的经济社会形态、先进的意识社会形态、先进的政治社会形态的先进国家。这样的国家和社会制度，才具有最大的生命力。能否使中国在 21 世纪更好地贯彻"三个代表"，最大限度地发挥出社会主义的全部优越性，始终成为最先进的社会系统，这也是对我党执政水平和领导水平的一大考验。只有把"三个代表"的科学思想真正地落实在建设有中国特色社会主义的全部环节之中，中国才能在 21 世纪开放、动态、复杂的社会系统工程实践中继续发挥社会主义的先进性，实现中华民族的伟大复兴。

三、"三个代表"思想体系与"德法并重"治国方略

2001 年 1 月 10 日，江泽民在与出席全国宣传部长会议的同志座谈时指出：我们在建设有中国特色社会主义，发展社会主义市场经济的过程中，要坚持不懈地加强社会主义法制建设，依法治国，同时也要坚持不懈地加强社会主义道德建设，以德治国。对一个国家的治理来说，法治与德治，从来都是相辅相成、相互促进的。法治属于政治建设、属于政治文明，德治属于思想建设、属于精神文明。二者范畴不同，但其地位和功能都是非常重要的。我们应始终注意把法制建设与道德建设紧密结合起来，把依法治国与以德治国紧密结合起来。

从社会系统理论来看，法律和道德都是由大量行为规范构成

的具有特定目的的有机整体。因此，它们都是开放、动态、复杂的系统——法律（规范）系统和道德（规范）系统。

今天，一个社会没有法治是不可想象的，同样，一个社会没有道德也是不可想象的。毕竟有形的行为是受无形的思想所支配的。法律系统和道德系统它们各有其长、各有其短，在社会系统中发挥着功能互补的作用。当一个社会系统德治程度低的时候，则实现法治的自觉性就低、难度就比较高；当一个社会系统德治程度高的时候，则实现法治的自觉性就高、难度就比较低。

所以，任何出色的社会控制系统，既应当最大限度地发挥法律系统的作用，也应当最大限度地发挥道德系统的作用，才能实现对社会系统充分优化地控制，最大限度地实现社会系统工程的整体利益。因此，"依法治国"方略和"以德治国"方略缺一不可，它们共同构成了"德法结合""德法并重"的治国方略。法治丝毫也不意味着弱化德治，而是强化了德治。德治丝毫也不意味着弱化法治，而是强化了法治。"德法结合""德法并重"的治国方略是第三代中央领导集体"三个代表"思想体系的延伸。因为，在社会系统中，法治是政治文明的重要组成部分；德治是精神文明的重要组成部分。代表最广大人民根本利益的政治文明建设，必须是强调社会主义民主法制、倡导"依法治国"的政治文明建设；而代表先进文化前进方向的精神文明建设，必须是强调社会主义思想道德、倡导"以德治国"的精神文明建设。

（作者为中国航天系统科学与工程研究院钱学森决策顾问委员会委员）

从系统思维的高度领会科学发展观的基本要求 *

董振华

胡锦涛总书记 2008 年 9 月 19 日在全党深入学习实践科学发展观活动动员大会暨省部级主要领导干部专题研讨班上的讲话中指出："一些领导干部的思想、作风、能力素质与推动科学发展的要求还不适应。""有的缺乏推动科学发展必备的知识，缺乏进行战略思维、辩证思维、系统思维、创新思维的能力。"这里强调了系统思维对于科学发展观的重大意义。系统思维具有整体性、结构性和动态性等基本特征，科学发展观要求发展的全面性、协调性、可持续性，充分体现了系统思维的方法。各级党员干部如果从系统思维的高度理解科学发展观，就能更全面、科学、深刻地认识科学发展观的基本要求。

一、系统的整体性与全面发展

系统是由若干相互联系、相互作用的要素按一定方式组成的统一整体。整体性是系统的最显著的特征，也是处理和解决系统问题需要坚持的基本原则。整体性原则有两层基本含义：一是系统的整体性质和功能只存在于各个要素的相互联系、相互作用之

---

* 节选自《石油政工研究》2009 年第 3 期，收录时略有改动。

中。各个孤立要素性能的简单相加并不能反映系统的整体性能；二是处于某个系统之中的要素，其性能要受到该系统整体的制约和规定。从亚里士多德到黑格尔，从恩格斯到列宁，他们都举过如下的例子——长在人肢体上的手是劳动器官，但从肢体上割下来的手则不再具备劳动器官的功能——来说明系统整体性的道理。整体性原则要求我们观察和处理问题必须着眼于事物的整体，把整体的功能和效益作为我们认识和解决问题的出发点和归宿。

科学发展观充分体现了系统的整体性思想，正确揭示了社会及其发展的整体性特征。它将全面的观点引入到了发展观中，摒弃了以往发展的狭隘性、单一性和片面性，不仅把社会看作是有机的整体，是物质世界中的一个高度复杂与特殊系统，而且把社会系统与其周围的自然生态系统联系起来，当作更大的"社会—自然"系统。社会（广义）系统本身就是由经济、政治、文化、社会（狭义）、生态等子系统组成的一个大系统。这些子系统相互联系、相互制约、相互作用，决定着社会大系统的整体功能状况。单有某一个子系统的发展，而没有其他子系统的配套发展，各个子系统之间的功能肯定是不协调的，社会大系统的整体功能就不会得到优化和充分发挥。发展作为一个由农业社会向现代社会转变的结构跃迁过程，不是单一的经济运行过程，而是由经济、政治、文化、社会、生态等几个方面共同推进的过程。全面建设小康社会作为我国发展中的重要阶段，是由经济建设、政治建设、文化建设、社会建设、生态建设几个方面组成的统一整体，这几个方面紧密联系、互为条件、互为目的、互相促进、相辅相成，缺一不可。经济建设为政治建设、文化建设、社会建设和生态建设提供物质基础和前提条件；政治建设为经济建设、文化建设、社会建设和生态建设提供政治保证和法律保障；文化建设为经济建设、政治建设、社会建设和生态建设提供思想保证、精神动力和智力支持；社会建设为人们进行经济建设、政治建设、文化建设和生态建设提供安居乐业、和睦相处的社会条件；生态建设为经济、政治、文化、社会建设和人类的生存提供可持续的基础。国内外发展的实践表明，这五个方面，缺了哪个方面，都会导致发展的畸形，导致发展的不全面、不协调、不健康。

二、系统的结构性与协调发展

结构性原则揭示了系统中诸要素之间的关系，指出了优化系统功能的基本途径。结构是系统中诸要素相互联系、相互作用的方式。其中包括要素相互间一定的比例、一定的秩序、一定的结合方式等。大量事实表明，系统的性质和功能不但决定于构成系统的要素，而且决定于要素之间相互联系所形成的结构。例如，石墨和金刚石虽然都是由碳原子组成，但由于碳原子结合的方式不同，二者的性质就迥然不同，金刚石是高硬度晶体，而石墨的硬度却接近于零。系统结构性原则认为，系统结构合理、各种比例关系协调，系统就能有效地发挥其功能和正常发展；反之，结构不合理，比例关系失调，就会导致系统功能降低和不能正常发展。

这就要求我们在发展中，要寻求有利于整体和全局的决策，不但要研究系统的各个组成部分，而且要花力气研究系统的结构。只有通过结构的优化才能实现系统整体功能的优化。坚持协调发展，就是不同部门、不同地区、不同领域之间在发展规模、发展速度、发展程度、发展效益等方面比例适当、结构合理，能够达到相互促进、良性运行、共同发展的状态，就是要统筹城乡发展、统筹区域发展、统筹经济社会发展、统筹人与自然和谐发展、统筹国内发展和对外开放，推进生产力和生产关系、经济基础和上层建筑相协调，推进经济、政治、文化建设的各个环节、各个方面相协调。但是，协调发展不是"杀富济贫""压快拉慢"，搞平均发展，而是要解决发展中日益严重的失衡问题、失调问题，使各方面发展相互衔接、相互促进、良性互动。协调发展是平衡和不平衡辩证关系在发展问题上的体现。由于矛盾的斗争性是无条件的、绝对的，所以，任何平衡都是相对的而不是绝对的。"协调"，无疑都是追求战略上的积极平衡；但是，又是以承认不平衡、正确运用不平衡规律为前提的。借口不平衡是绝对的而放弃做积极平衡的努力，或者一味地去追求僵死的绝对的平衡，都是形而上学的，因而都是不正确的。同时，协调发展不能绝对否认差别，也必须把差别控制在一定范围之内。一方面，离开合理的差别，就不会是有效的协调。落实科学发展观，强调协调发展并不是搞平均发展，不是以协调发展为由"压快拉慢""齐步走"，那样最终只能是慢发展或不发展，这是与科学发展观的宗旨背道而驰的，也是与经济发展的客观规律背道而驰的。另一方面，协调发展必须把差别控制在一定范围之内，如果差别过头，就是不协调，会自发形成"马太效应"，好的越好、差的越差。因此，协调发展是科学发展观的核心内容之一。只有协调发展，才能保证全局的、整体的和根本的发展。但是，协调发展不等于平均发展，不能理解为搞平均主义，而是既要承认差别，又要使各方面利益都能得到保护和实现。

三、系统的动态性与可持续发展

系统论强调，一切系统都处在不断变化、发展之中，而且系统的正常运转，不但受着系统本身条件的限制和制约，还受到相关系统的影响和制约。按照发展的观点，我们对于发展要周密策划，推行可持续发展的前瞻性战略，把当前发展与长远发展结合起来，把全面发展建立在可持续发展的基础之上，把可持续发展寓于全面发展的过程之中。

坚持可持续发展就要求我们处理好当前和长远的关系，必须围绕实现战略目标正确处理各个阶段的关系，使当前目标的实现为长远目标的实现创造条件，必要时要牺牲眼前利益确保长远利益，这就要坚持长远性原则。有些事情，尽管从眼前看是有利的，但从长远看却是有害的，如为了眼前利益而牺牲长远利益，这就叫作缺乏谋"势"的眼光。这就是所谓"不谋长远者不足以谋一时"。正如杀鸡取卵一样。因此，我们在谋求当前利益的同时，必须着眼于长远利益，防止为了当代人的利益而牺牲子孙后代的利益，防止只顾眼前发展而牺牲长远的发展。这就是要坚持可持续发展。可持续发展是指发展进程要有持久性、连续性。人类的延续是社会发展的基本前提和基本要求，每一代人的发展都应该为下一代人的更好生存和发展留下空间和条件。因此，我们推进发展，必须充分考虑资源和环境的承受能力，既重视经济增长指标，又重视环境资源指标；必须统筹考虑当前发展和未来发展，既积极满足人民群众现实的物质文化需要，又为子孙后代留下充足的发展条件和发展空间。目前，自然资源、环境、能源等等，能否支持经济社会的可持续发展，是我们必须考虑的发展战略问题。从资源和环境方面看，资源短缺，环境恶化，我国可持续发展形势严峻。据国家统计局统计，2007年全国耕地面积为18.26亿亩，比1996年减少1.25亿亩，年均减少1100万亩。不到世界人均水平的1/2。全年水资源总量24690亿立方米，比2006年减少2.5%，人均水资源仅相当于世界人均水量的1/4，约1/6的中国城市缺水，水资源短缺已成为制约中国经济社会发展的重要因素。能源短缺问题严重，人均能源资源占有量不到世界平均的一半，油仅为1/10。我国所面临的人口、资源、环境压力越来越大，只有更新发展思路，实施可持续发展，才能推动整个社会走上生产发展、生活富裕、生态良好的文明发展道路，才能使现代化建设事业兴旺发达，使中华民族的发展长盛不衰。坚持可持续发展，就是要促进人与自然的和谐，坚持生产发展、生活富裕、生态良好的文明发展道路，建设资源节约型、环境友好型社会，实现速度和结构质量效益相统一、经济发展与人口资源环境相协调，使人民在良好生态环境中生产生活，实现经济社会永续发展。同时，我们还要注意防止一种把"发展"和"可持续发展"对立起来的错误倾向。可持续发展的基础仍然是发展，是实现又"好"又"快"地发展，这并不意味着要放慢发展速度，而是在质量好、效益高的基础上的"快"，是可持续的"快"。目前我国可持续发展方面存在的问题并不是发展本身带来的，而是一些片面的发展导致的，不是加快发展所导致的。有些领导干部认为，实施可持续发展，就是"又要马儿跑，又要马儿不吃草"，既然要搞可持续发展，干脆就什么都别干了，这样保证不会破坏环境、不会浪费资源。这种看法是不对的。坚持可持续发展，我们不是无所作为，而是大有可为的，是在发展的同时又保证发展的可持续。

用系统思维来对待发展和发展中的问题是科学发展观的基本要求，也是实践科学发展观的基本路径。只有坚持以系统的眼光来看发展，才能更清晰地理解科学发展观的内涵，才能真正地在科学发展观的指导下实现人与自然的和谐，人与社会的全面、协调、可持续发展。

［作者为中共中央党校（国家行政学院）哲学教研部教授］

坚持系统观念谋划推动新阶段经济社会发展 *

杨玉成　　王千阁

　　党的十九届五中全会审议通过的《中共中央关于制定国民经济和社会发展第十四个五年规划和二○三五年远景目标的建议》（以下简称《建议》）指出，"十四五"时期我国经济社会发展必须遵循"坚持党的全面领导""坚持以人民为中心""坚持新发展理念""坚持深化改革开放""坚持系统观念"五条原则。其中"坚持系统观念"是我们党的重要文献首次提出的谋划推动经济社会发展的方法论原则。这是我们党在总结实践经验基础上作出的重大理论概括，是党的十九届五中全会的一个重要理论亮点，是对习近平新时代中国特色社会主义思想方法论的重要丰富和发展。习近平总书记高度重视该原则，在为《建议》作说明时，把它作为需要说明的几个重点问题之一加以阐述。那么，我们该如何理解谋划推动经济社会发展必须遵循坚持系统观念的原则？我国经济社会发展在坚持系统观念方面已经取得哪些成功经验？未来我国经济社会发展应该如何进一步贯彻落实坚持系统观念的原则？

*　选自《中国井冈山干部学院学报》2021 年第 1 期。

一、坚持系统观念是马克思主义重要的思想和工作方法

系统观念，古已有之。"系统"一词最早出现在古希腊语中，希腊文的"systema"就是部分组成整体的意思。古代的系统观念就是从对部分和整体关系的考察中开始意识到系统的存在。古希腊原子论的创始人德谟克利特著有《世界大系统》一书，用原子和虚空构成宇宙的思想来说明世界。柏拉图指出他的"理念世界"就是在"善"的理念统率下的一个层次等级系统。亚里士多德提出"整体在属性和功用上不同于部分"，这一思想后来被现代系统论演绎为"整体大于它的各部分的总和"这一著名命题。我国古代的一些思想家也从多方面揭示了世界的整体性和协调性问题，如"八卦"和"五行"的相互制约与转化，天地万物的相生相克等，并把这些观念运用于工程技术和医学等领域。如都江堰这一我国古代的宏大水利工程就被看作是我国古代系统观念的生动体现。近代西方思想家莱布尼茨、康德、黑格尔等人对系统观念的发展作出了重要贡献。

马克思和恩格斯创立的唯物辩证法认为，事物是普遍联系的，事物之间以及事物各要素之间相互影响、相互制约。恩格斯指出，"当我们通过思维来考察自然界或人类历史或我们自己的精神活动的时候，首先呈现在我们眼前的，是一幅由种种联系和相互作用无穷无尽地交织起来的画面"。正是在这个意义上，恩格斯指出："辩证法是关于普遍联系的科学。"联系和系统密切相关。事物的种种联系和相互作用交织起来构成统一体，这个统一体就是系统。所谓系统，指的就是由若干相互联系、相互作用的要素按照一定的方式组成的统一体。因此，系统是事物联系的一种存在形态，系统性是事物的基本属性。总之，从马克思主义世界观角度

看，我们所面对的整个物质世界就是由万事万物相互联系构成的统一体，每一个事物都是统一联系之网上的一个部分或一个环节，都体现着整体的联系。

现代系统论的产生，意味着人们对事物联系的系统性的认识进一步具体化和深化，意味着人们不仅清晰地认识到事物联系的系统性的存在，而且还可以科学地把握这种系统性，这标志着人类认识事物普遍联系的重大飞跃。现代系统论承认事物的联系以及联系的系统性，就此而言，它与马克思主义唯物辩证法是一致的。马克思主义经典作家不仅使用"系统"这一概念，而且自觉地运用系统方法分析自然现象和社会现象。恩格斯指出："关于自然界所有过程都处于一种系统联系中的认识，推动科学到处从个别部分和整体上去证明这种系统联系。"他在总结19世纪自然科学的"三大发现"（细胞学说、能量守恒和转化定律、生物进化论）时还明确指出："由于这三大发现和自然科学的其他巨大进步，我们现在不仅能够指出自然界中各个领域内的过程之间的联系，而且总的说来也能指出各个领域之间的联系了，这样，我们就能够依靠自然科学本身所提供的事实，以近乎系统的形式描绘出一幅自然界的清晰图画。"马克思对人类社会这一复杂系统作了深入研究，并为此建立了包括生产力、生产关系、经济基础、上层建筑等概念在内一整套范畴体系，特别是运用这套范畴体系深刻剖析了资本主义社会系统的内部结构和运行机制。

现代系统论指的就是在承认事物的客观的普遍联系基础上，具体地全面地揭示对象的系统存在、系统关系及其规律的一整套科学的观点和方法。其基本特点是，不把事物、过程看作实物、个体、现象的简单堆积，而是如实地把它们当作系统，以对系统的深入、全面的把握代替对事物内外部因素的孤立考察。"系统"是现代系统论的核心范畴，与之直接相关的范畴则是"要素"和"环境"。所谓"系统"，一般被规定为"有组织的和被组织化的全体"，或"以规则的相互作用又相互依存的形式结合着的对象和集合"，实质上泛指由一定数量相互联系的因素所组成的相对稳定的统一体。"要素"是指系统中被组织化的、相互作用和相互结合的因素，"环境"则指在系统之外并同系统相互联系相互作用着的存在。系统和要素、环境的区分具有相对性。系统中的要素本身往往也是一个系统。一个系统同它的环境又可以组成一个更大的系统，在这个更大的系统中，原来的系统和环境部分都分别成为它的分系统，也就是成为它的要素。

从总体上看，一方面，现代系统论的产生，为唯物辩证法的普遍联系原理提供了新的依据和新的确证；另一方面，当代马克思主义哲学也从现代系统论中吸取思想和养料，使自身更好地同现代科学结合起来，使辩证唯物论和唯物辩证法得到进一步的丰富和发展，使系统观念成为马克思主义唯物辩证法的重要组成部分，特别是成为中国化的马克思主义哲学的一个重要观点。

中国共产党在领导中国革命、建设和改革过程中始终把坚持系统观念作为重要的思想和工作方法。坚持系统观念就是把事物看作由各种要素基于一定关系组成的有机整体，要求站在整体和全局高度观察、思考和处理事物发展过程中的各种问题。尽管以毛泽东同志为主要代表的第一代中国共产党人没有接触过现代系统论，但他们站在唯物辩证法高度，实际上坚持运用系统观念分析问题和解决问题。毛泽东同志提出的"十个手指弹钢琴""统筹兼顾、适当安排"等思想方法和工作方法实际上都蕴含着系统观念。改革开放后，邓小平同志自觉地"照辩证法办事"，提出"现代化建设的任务是多方面的，各个方面需要综合平衡，不能单打一"，这一观点明显有系统观念的支撑。随着当代中国化马克思主义哲学对现代系统论的观点和方法的消化吸收，当代中国共产党人更加自觉地坚持运用系统观念分析问题和解决问题。江泽民同志提出在推进社会主义现代化过程中必须处理好12个带有全局性的重大关系。胡锦涛同志提出科学发展观，即全面协调可持续发展观。2009 年 3 月 1 日，习近平同志在中央党校开学典礼上的讲话中明确要求："领导干部要树立系统和整体观念，增强全国一盘棋意识，在关系全局的重大原则问题上必须以全局利益为重，服从全局、服务全局。"党的十八大基于整个社会系统的整体性和各分系统之间的协同性，提出坚持统筹推进经济建设、政治建设、文化建设、社会建设、生态文明建设"五位一体"总体布局。

总之，从哲学角度看，系统是事物本身的存在方式，系统观念是事物的系统性在我们观念上的反映。经济社会本身就是一个大系统，这种系统性要求我们在谋划和推动经济社会发展时，必须坚持系统观念，统筹考虑经济社会发展过程中的各种关系，协调推进经济社会各项事业发展。

二、坚持系统观念是党的十八大以来党中央推动经济社会发展的具有基础性的思想和工作方法

习近平总书记在关于《建议》的说明中指出："党的十八大以来，党中央坚持系统谋划、统筹推进党和国家各项事业，根据新的实践需要，形成一系列新布局和新方略，带领全党全国各族人民取得了历史性成就。在这个过程中，系统观念是具有基础性的思想和工作方法。"回顾党的十八大以来以习近平同志为核心的党中央所作出的一系列重大决策部署，我们可以看出它们都有系统观念的支持，都是系统谋划的重大成果。

党的十八大之后不久，习近平总书记就提出"中华民族伟大复兴的中国梦"的奋斗目标，并且实际上把实现"中国梦"看作一个系统工程，提出实现中国梦必须走中国道路，弘扬中国精神，凝聚中国力量。党的十九大又把"四个伟大"作为一个统一整体

提出来，提出必须统揽"四个伟大"，强调实现伟大梦想必须进行伟大斗争、建设伟大工程、推进伟大事业。

党的十八大之后，以习近平同志为核心的党中央先后提出并推进全面深化改革、全面依法治国、全面从严治党，把它们作为实现全面建成小康社会的重大举措，从而形成协调"四个全面"战略布局的治国理政方略。提出并协调推进"四个全面"战略布局，明显是坚持系统观念和系统思维的成果。首先，"四个全面"战略布局是一个内在统一的整体。其中全面建成小康社会是战略目标，是实现中华民族伟大复兴的中国梦的阶段性目标。全面深化改革、全面推进依法治国、全面从严治党是实现战略目标的三大战略举措，全面深化改革为全面建成小康社会提供强大的动力支持，全面推进依法治国为全面建成小康社会提供牢靠的法治保障，全面从严治党为全面建成小康社会提供坚强的领导力量。其次，"四个全面"中的每一个"全面"的提出和推进都贯穿着系统观念和系统思维。全面建成小康社会这个战略目标本身就是经济建设、政治建设、文化建设、社会建设、生态建设、党的建设等各领域建设目标的"系统集成"。关于全面深化改革，习近平总书记指出："我们的主要历史任务是完善和发展中国特色社会主义制度，为党和国家事业发展、为人民幸福安康、为社会和谐稳定、为国家长治久安提供一套更完备、更稳定、更管用的制度体系。这项工程极为宏大，零敲碎打调整不行，碎片化修补也不行，必须是全面的系统的改革和改进，是各个领域改革和改进的联动和集成，在国家治理体系和治理能力现代化上形成总体效应、取得总体效果。"全面深化改革的目标就是使我们已经建立的政治、经济、文化、社会等方面的基本制度更加成熟、更加定型，并且使它们相互协调、相互配套，这就需要加强顶层设计，增强改革的系统性、整体性、协同性。全面推进依法治国以"建设中国特色社会主义法治体系，建设社会主义法治国家"为总目标，是"依法治国、依法执政、依法行政共同推进"，是"法治国家、法治政府、法治社会一体建设"，是"科学立法、严格执法、公正司法、全民守法的整体推进、共同发展"。所以，全面依法治国实际上是把我们党提出的有关依法治国的观念和举措进行系统集成，使之形成一个战略整体。全面从严治党之"全面"既包括空间维度上的系统性整体性又包括时间跨度上的长期性，其基本内涵就是：充分认识到党的建设的长期性、复杂性、艰巨性，以增强党的自我净化、自我完善、自我革新、自我提高的能力为目标，以"高标准、严要求"的整风精神，从政治建设、思想建设、组织建设、作风建设、纪律建设和制度建设等各个方面加强党的建设，并且持之以恒、常抓不懈。所以，全面从严治党实际上是我们党已经积累的党建经验的系统集成和综合创新。

党的十八届五中全会提出，必须牢固树立创新、协调、绿色、开放、共享的发展理念，这五大发展理念的提出也是党中央坚持系统观念进行系统谋划的理论成果。一方面，这五大发展理念的功能各有侧重，其中创新发展注重的是解决发展动力问题，协调发展注重的是解决发展的不平衡问题，绿色发展注重解决的是人与自然的和谐问题，开放发展注重的是解决发展内外联动问题，共享发展注重的是解决社会公平正义问题；另一方面，这五个发展理念共同聚焦于我国经济社会发展中的不平衡不充分问题，它们"相互贯通、相互促进，是具有内在联系的集合体"，能够在我国经济社会发展中发挥它们的整体效能和综合效益。正是基于五大发展理念各自侧重点以及它们的整体综合效能，习近平总书记强调指出，实施新发展理念"要坚持系统的观点，依照新发展理念的整体性和关联性进行系统设计，做到相互促进、齐头并进，不能单打独斗、顾此失彼，不能偏执一方、畸轻畸重"。

党的十九大以来，习近平总书记对我们党十八大以来坚持系统观念的成功经验进行了总结，提出了更加鲜明的指示和要求。

他强调指出，"现代化经济体系，是由社会经济活动各个环节、各个层面、各个领域的相互关系和内在联系构成的一个有机整体。""全面依法治国是一个系统工程，必须统筹兼顾、把握重点、整体谋划，更加注重系统性、整体性、协同性。""落实党的十八届三中全会以来中央确定的各项改革任务，前期重点是夯基垒台、立柱架梁，中期重点在全面推进、积厚成势，现在要把着力点放到加强系统集成、协同高效上来，巩固和深化这些年来我们在解决体制性障碍、机制性梗阻、政策性创新方面取得的改革成果，推动各方面制度更加成熟更加定型。""党的领导必须是全面的、系统的、整体的，必须体现到经济建设、政治建设、文化建设、社会建设、生态文明建设和国防军队、祖国统一、外交工作、党的建设等各方面。"这些重要论述为我们进一步贯彻落实坚持系统观念的原则提供了基本遵循。党的十九届五中全会审议通过的《建议》更是成为坚持系统观念的范本。《建议》从第三到第十四部分，总体上按照新发展理念的内涵来组织，先后论述了坚持创新驱动发展、加快发展现代产业体系、形成强大国内市场、全面深化改革、优先发展农业农村、优化国土空间布局、繁荣发展文化事业和文化产业、推动绿色发展、实行高水平对外开放、改善人民生活品质、统筹发展和安全、加快国防和军队现代化等 12 个重点领域的工作思路和工作重点，进一步丰富了贯彻新发展理念的大系统，有助于推动新发展理念在更广更深层面落细落实。《建议》提出的新发展格局也是一个大系统，既涉及生产领域也涉及分配、流通、消费领域，既涉及制造业也涉及农业和服务业，既涉及实体经济也涉及金融和房地产，既涉及农村也涉及城市，既涉及国内改革也涉及对外开放，既涉及国内大循环也涉及国内国际双循环。《建议》对这个新发展格局进行了系统阐述，目的在于使新发展格局的整体与局部之间、各个局部之间、整体与环境之间关系更加顺畅，达到系统功能优化状态。

三、坚持系统观念是全面建设社会主义 现代化国家必须遵循的原则

全面建成小康社会后，我国将正式开启全面建设社会主义现代化国家新征程，这个历史任务的"全面性"要求我们进一步深入贯彻落实系统观念。首先，进入这一新发展阶段后，我国发展的外部环境和内部环境面临深刻复杂变化，经济社会发展中的不平衡不充分问题依然突出，各种矛盾错综复杂，必须从系统观念出发加以谋划和解决；其次，我国所要建设的社会主义现代化是全面发展、全面进步的现代化，也需要从系统观念出发，统筹推进经济社会各领域发展，促进人的全面发展和社会全面进步。我们尤其需要深刻把握全面建设社会主义现代化国家中的"全面"二字，深刻理解我国所推进的现代化是人口规模巨大的现代化、全体人民共同富裕的现代化、物质文明与精神文明相协调的现代化、人与自然和谐共生的现代化、走和平发展道路的现代化，一句话，我国的现代化是一种全新语境下的、全方位的现代化。推进这种全方位的现代化当然必须坚持系统观念。第三，"十四五"时期，我国推动经济社会发展，面临许多系统性任务。比如，完善国家创新体系，加快科技强国建设；加快发展现代产业体系，推动经济体系优化升级；加快培养完整内需体系，构建以国内大循环为主体、国内国际双循环相互促进的新发展格局；健全宏观经济治理体系，建设高标准市场体系；健全区域协调发展体制机制，构建高质量发展的国土空间布局和支撑体系；加强社会主义精神文明建设，健全现代文化产业体系；完善生态文明领域统筹协调机制，构建生态文明体系；健全基本公共服务体系，建设高质量教育体系，健全多层次社会保障体系；健全国家安全法治体

系、战略体系、人才体系和运行机制；健全新时代军事战略体系，完善三位一体新型军事人才培养体系，完善国防动员体系；等等。这些"体系性"任务实际上就是"系统性"任务，都要求突出系统观念，从整体和联动出发，全面推进各领域各方面各环节的现代化建设。

那么，在"十四五"时期我们应该如何在谋划推动经济社会发展中坚持系统观念？从理论层面看，我们必须按照系统观念的要求处理经济社会发展中的各种问题。现代系统论认为，系统具有整体性、结构性、层次性和开放性等基本属性。坚持系统观念要求人们着眼于系统整体，通过正确认识和处理系统整体与其组成要素之间的关系、系统中诸要素之间的关系、系统内部不同层次之间的关系、系统与外部环境之间的关系，按照整体性原则、结构性原则、层次性原则、开放性原则来处理问题，实现系统整体功能优化。

系统的整体性刻画的是系统整体与其组成要素之间关系的性质。具体地说，就是系统的整体功能不等于其各个组成部分之功能的机械相加。整体功能之所以不等于各组成部分之功能的总和，是因为系统的各要素之间相互联系、相互作用从而形成一个统一体，这个统一体呈现出新功能。"这种整体性能是由各组成部分相互作用而在整体层次上呈现的，为个别组成部分或它们的机械加和所不具有。"系统整体性原则要求人们认识和处理问题时必须从事物的整体出发，不仅要弄清楚系统由哪些部分组成，还要弄清楚各个组成部分之间的相互联系、相互作用，从而弄清系统在整体上呈现的新的属性和功能。比如，"十四五"时期我国即将开启的全面建设社会主义现代化就是一个宏大的社会系统工程，必须从整体上加以谋划和推进。特别是，在这个"全面建设"阶段，我们必须正确认识和处理各方面建设之间的关系，注意"扬长补短"、协同推进。所谓"扬长"就是在优势领域继续锻造长板、做强优势，不断突破发展的"上限"；所谓"补短"就是补齐一些制约整体进一步发展的短板，不断抬高发展的基底，提升整体发展水平。"扬长补短"实际上就是统筹兼顾，因此《建议》提出继续统筹推进经济建设、政治建设、文化建设、社会建设、生态文明建设的总体布局，统筹发展与安全，统筹富国与强军，这些"统筹"就是坚持系统整体性原则的具体体现。

系统的结构性刻画的是系统中诸要素之间关系的性质。"结构是系统中诸要素相互联系、相互作用的方式，包括要素之间一定的比例、一定的排列组合秩序、一定的结合方式等。系统的性质和功能不仅取决于要素的性质和功能，还取决于要素之间的结构。"系统有什么样的结构，就相应地有什么样的功能，一旦结构发生变化，系统的功能势必随之发生变化。坚持系统的结构性原则，就是重视对系统结构的研究，并通过结构调整使系统结构合理化，实现系统的功能优化。比如，《建议》提出的"构建以国内大循环为主体、国内国际双循环相互促进的新发展格局"，是事关我国发展全局的系统性、深层次变革，其实质就是通过重构我国发展结构来拓展发展空间，维护发展安全。改革开放前，我国经济以国内循环为主，进出口占国民经济的比重很小。改革开放后，我们打开国门，扩大对外贸易和引进外资。特别是2001年加入世贸组织后，我国深度参与国际分工，融入国际大循环，形成市场和资源"两头在外"的发展格局，这对于促进我国经济发展发挥了重要作用。当然，2008年国际金融危机后，面对严重的外部危机冲击，我国主动调整发展格局，把扩大内需作为保持经济平稳较快发展的基本立足点，推动经济发展向内需主导转变，国内循环在我国经济中的作用开始显著上升。党的十八大以来，我国继续坚持实施扩大内需战略，使发展更多依靠内需特别是消费需求拉动。我国对外贸易依存度从2006年峰值的64.2%下降到2019年的31.8%，经常项目顺差占国内生产总值比重由最高时的10%

以上降至目前的 1% 左右，内需对经济增长的贡献率有 7 个年份超过 100%。因此，《建议》提出的构建新发展格局，是在对我国客观经济规律和发展趋势的自觉把握的基础上形成的战略决策，必然会对我们今后的发展结构产生重大影响，也能够有力地保障我国发展安全。再比如，《建议》提出"以深化供给侧结构性改革为主线"，也是坚持系统结构性原则的重要体现。当前以及今后一段时期，我们经济发展面临的问题，在供给和需求这两侧都有，但矛盾的主要方面在供给侧。我国一些行业和产业，一方面产能严重过剩，另一方面又有大量关键设备、核心技术、高端产品还严重依赖进口。解决这种结构性矛盾，就要靠供给侧结构性改革，用改革的办法进行结构调整，减少无效和低端供给，扩大有效和中高端供给，增强供给结构对需求变化的适应性和灵活性，实现更高水平和更高质量的供需动态平衡。

系统的层次性刻画的是不同层次系统之间关系的性质。一个系统由若干要素构成，而这些要素本身也是系统，是子系统，子系统又由更低一个层次子系统构成，依次类推，这就形成不同等级系统。高层次系统的属性不能归结为低层次系统的属性，高层次系统的运行规律也不能归结为低层次系统的运行规律。坚持系统的层次性原则，必须注重研究不同层次系统的特有属性和特殊运行规律。所谓"顶层设计"，就是从系统的最高层次角度来规划整个系统的结构和功能。党的十八大之后，以习近平同志为核心的党中央强调在全面深化改革过程中要把"加强顶层设计"和"摸着石头过河"结合起来，这就是着眼于改革系统的最高层次，更加注重对改革的宏观思考和宏观协调，更加注重改革的系统性、整体性、协同性，同时也要继续鼓励大胆探索、大胆试验、大胆突破。《建议》本身就是对我国"十四五"时期乃至 2035 年之前经济社会发展的"顶层设计"，这个顶层设计的贯彻落实还需要各领域各层级的具体规划的协调配合。因此，《建议》要求，"按照本次全会精神，制定国家和地方'十四五'规划纲要和专项规划，形成定位准确、边界清晰、功能互补、统一衔接的国家规划体系"，这实际上就是要求在制定专项规划、区域规划、空间规划以及地方规划时，要坚持规划体系（系统）的层次原则，既要坚持全国一盘棋观念，增强大局意识、整体意识，把《建议》指导方针的各项要求贯彻到相关规划中去，又要研究不同层级系统的特殊性，把普遍性要求和各层级系统的特殊规律有机结合起来，形成既符合整体要求又切合具体实际的专门规划和地方规划。

系统的开放性刻画的是系统与环境之间关系的性质。从系统与环境的关系角度看，系统可区分为封闭系统和开放系统等。所谓"封闭系统"并非指同环境没有任何互动和交换的绝对孤立的系统，而是指在一定时间内不依赖与外界的联系而具有一定生存能力的系统。而所谓"开放系统"指的是与外界保持经常性互动和物质、能量和信息交换的系统。一般而言，任何现实的系统都具有一定的开放性，而越是有机的系统，其开放性程度越高。正是由于系统具有开放性，系统才能维持和更新自身的结构。如果系统的开放受到阻碍和破坏，不能正常地与外界环境进行物质、能量、信息的交换和传递，就会导致系统结构从高序走向低序，从有序走向无序，直至导致结构解体、系统消亡。这表明，开放导致有序，封闭导致无序，开放是实现系统有序发展和功能优化的必要条件。人类社会作为最为复杂的系统，各个层次上的系统都具有开放性。在人类社会发展过程中，开放推进发展，封闭导致落后的事例屡见不鲜。邓小平同志曾经深刻地指出："现在任何国家要发达起来，闭关自守都不可能。我们吃过这个苦头，我们的老祖宗吃过这个苦头……从明朝中叶算起，到鸦片战争，有三百多年的闭关自守……把中国搞得贫穷落后，愚昧无知。"现代国家或现代社会更是一种高度开放的系统，发达的对外贸易和对外交流是现代国家或现代社会形成的重要条件，也是其现代性的重要标志。坚持开放原则，必须重视系统与外界环境的相互联系，通过吸收外部环境的有利因素来促进系统本身的发展。这就要求对从外部环境中引进的东西，进行鉴别和筛选，最大限度地引进有利因素，最大限度地减少不利因素，促进系统的有序发展。坚持系统的开放性原则，对于我们坚持对外开放的基本国策具有重要的方法论意义。改革开放 40 年来，我们不断扩大对外开放，成功地实现了从封闭半封闭到全方位开放的伟大历史转折，以开放促改革和发展是当代中国改革开放的基本经验之一。在 2020 年全面建成小康社会之后的全面建设社会主义现代化国家的新发展阶段，我们要实现社会主义现代化和中华民族伟大复兴，实行对外开放依然是必经之途。正是基于这种认识，习近平总书记一再强调，我国开放的大门绝不会关上，只会越开越大。《建议》按照系统开放性原则，提出"实行高水平对外开放，开拓合作共赢新局面"，提出"坚持实施更大范围、更宽领域、更深层次对外开放，依托我国大市场优势，促进国际合作，实现互利共赢"。并且从三个方面进行了部署，即建设更高水平开放型经济新体制，推动共建"一带一路"高质量发展，积极参与全球经济治理体系改革。因此，《建议》强调构建以国内大循环为主体、国内国际双循环相互促进的新发展格局，决不是要关起门来搞封闭运行，而是既要坚定实施扩大内需战略，也要更大力度扩大对外开放，构筑国际合作和竞争新优势。

党的十九届五中全会审议通过的《建议》主要从实践层面，对如何坚持系统观念提出明确要求，强调："加强前瞻性思考、全局性谋划、战略性布局、整体性推进，统筹国内国际两个大局，办好发展安全两件大事，坚持全国一盘棋，更好发挥中央、地方和各方面积极性，着力固根基、扬优势、补短板、强弱项，注重防范化解重大风险挑战，实现发展质量、结构、规模、速度、效益、安全相统一。"

坚持系统观念必须加强前瞻性思考。面对日趋复杂的国际环境和艰巨繁重的国内改革发展稳定任务，要认清大势、把握大势、未雨绸缪，善于在危机中育新机、于变局中开新局。坚持系统观念必须加强全局性谋划。要胸怀中华民族伟大复兴战略全局和世界百年未有之大变局，统筹国内国际两个大局，统筹发展与安全两件大事，统筹推进"五位一体"总体布局。必须强化战略性布局。要协调推进全面建设社会主义现代化国家、全面深化改革、全面依法治国、全面从严治党的战略布局，坚决贯彻落实新发展理念，实现经济社会等各个方面高质量发展。坚持系统观念必须强化整体性推进。推进改革发展稳定，必须统筹兼顾、整体施策、多措并举，使各领域工作相互促进、齐头并进，实现整体效能。

坚持系统观念，还必须着力防范化解重大风险挑战。发展不可能一帆风顺，必然会遇到这样那样的问题和挑战，甚至伴有重大风险。习近平总书记反复告诫全党，必须增强风险防控意识，坚持底线思维，守住不发生系统性、颠覆性风险的底线，从最坏处着眼，争取最好的结果。既要高度警惕"黑天鹅"事件，也要防范"灰犀牛"事件；既要有防范风险的先手，也要有应对和化解风险挑战的高招；既要打好防范和抵御风险的有准备之战，也要打好化险为夷、转危为机的战略主动战。

不谋全局者，不足以谋一域；不谋万世者，不足以谋一时。自觉运用系统观念谋划和推动经济社会发展是各级领导干部的一项基本功。各级领导干部必须深入理解"坚持系统观念"原则，强化系统观念和全局观念，善于运用系统思维和系统方法，统筹推进改革发展稳定，在动态平衡中解决好发展的不平衡不充分问题。

［杨玉成，中共中央党校（国家行政学院）哲学教研部教授；王千阁，中共中央党校（国家行政学院）研究生院博士研究生］

四、当代思考

坚持系统观念，统筹推进党和国家各项事业 *

董振华　张恺

　　坚持系统观念既是坚持唯物辩证法的根本要求，也是更好推进党和国家各项事业的必然要求。学习贯彻党的十九届五中全会精神，就要牢固树立系统观念，统筹推进"五位一体"总体布局和协调推进"四个全面"战略布局，在"四个伟大"的统一中将党和国家各项事业推向前进。

　　对立统一规律是辩证法的实质和核心，这一规律揭示出矛盾是事物发展的源泉和动力。在复杂事物即系统内部，总是存在着诸多矛盾，这些矛盾的地位和作用是不同的，其中居于主导地位、起决定作用的矛盾就是主要矛盾，其他矛盾是次要矛盾，而主要矛盾的存在和发展规定着其他矛盾的存在和发展。系统观念要求我们善于处理重点与非重点的关系，其基本依据就在于此。如果我们不能有效处理好系统内部重点和非重点的关系，就有可能本末倒置，造成系统内部的紊乱，绝不会有利于我们各项事业的推进。因此，我们坚持系统观念，就要坚持两点论与重点论的统一，善于抓住主要矛盾，牵牛要牵牛鼻子，防止"单打一"。

　　坚持系统观念，最基本的做法就是加强顶层设计和整体谋划。"顶层设计"的概念来自于系统工程学，原本指运用系统论的方法，从系统全局出发，对工程的各个层次、要素进行总体构想和

---

* 选自《新华日报》2020 年 11 月 24 日。

战略设计。后来人们把这一理念引入社会科学领域，目的在于强调规划设计要突出整体战略。加强顶层设计同样遵循了唯物辩证法的逻辑，只有做好顶层设计，才能把认识的对象全部纳入到发展设计中来，从而做好统筹协调，实现系统的最优化。只有做好顶层设计，才能把认识对象的发生发展过程全部纳入到设计中来，依据事物在不同阶段所具备的历史条件性而做出有针对性的设计，从而实现系统的动态平衡。

党和国家各项事业内容十分丰富，必须坚持系统观念统筹谋划与推进。党和国家事业涉及经济、政治、文化、社会、生态等多个领域，各领域之间相互联系、相互作用，推进党和国家各项事业，绝不是某一领域的单打独斗，任何一个领域的发展都有可能牵动其他领域，同时也需要其他领域的密切配合。我们要在工作中坚持系统观念，加强各项事业间的关联性、系统性、可行性研究，做到统筹考虑、全面论证、科学决策，更加注重各领域的相互促进、良性互动，形成推进党和国家各项事业的强大合力。

从空间维度看，推进党和国家各项事业，必须处理好整体推进与重点突破的关系。系统具有整体性和结构性的特征，系统的整体性是指系统不是各要素的简单相加，而是通过一定结构实现单个要素所不具备的功能。系统的结构性是指系统内部不同的结构会影响到系统功能的发挥，应当努力实现系统结构的最优化。党和国家各领域事业组成的党和国家总体事业正是系统整体性的体现，通过推进党和国家总体事业有利于党和国家各领域事业的共同进步，因此要坚持整体推进，增强全局观念，树立"一盘棋"的思想。与此同时，党和国家总体事业系统内的某一重点领域如果能够取得优先突破，那么将有效优化总体事业的内部结构，进而带动其他领域事业的进步。

从时间维度看，推进党和国家各项事业，必须处理好总体谋划和久久为功的关系，这就需要坚持系统观念。唯物辩证法已经揭示出，事物总是作为过程存在的，我们按照唯物辩证法的要求认识和把握事物，就要准确把握事物发展的阶段性特征，具体分析事物存在的历史条件，并依据事物的客观变化而不断调整我们的主观认识。系统具有动态性的特征，系统本来就是在时间中作为过程而存在的。

党和国家事业作为一个系统，同样也是一个动态变化的过程，这就需要处理好总体谋划与久久为功的关系。推进党和国家各项事业需要我们做出一定的远景谋划和前瞻性战略，并且在落实谋划战略的时候坚持连贯性与灵活性的统一。一方面要坚持系统观念做好科学决策，从而保证政策的连贯性，要发扬钉钉子精神，坚持一张蓝图绘到底，避免朝令夕改现象的发生；另一方面也要解放思想、与时俱进，不断依据现实条件的变化灵活调整政策，使政策服务于各项事业发展的阶段性特征，保证我们的各项事业在长期奋斗过程中不会半途而废或误入歧途。

统筹推进"五位一体"总体布局。经济建设、政治建设、文化建设、社会建设、生态文明建设这"五位一体"是中国特色社会主义事业的总体布局，这是我们党对社会主义建设规律在实践和认识上不断深化的重要成果。在"五位一体"总体布局中，经济建设居于核心地位，经济建设的效果直接影响到其他四个领域建设的发展，经济建设为其他领域的建设提供动力，一定的政治、文化、社会、生态总是对一定的经济状况的现实的反映，因此必须坚持以经济建设为中心，大力解放和发展生产力，为实现共同富裕的目标不断努力。与此同时，强调经济建设的核心地位与统筹政治建设、文化建设、社会建设、生态文明建设并不冲突，我们在推进党和国家各项事业的进程中，要注重促进经济、政治、文化、社会、生态文明建设各方面相协调，推动生产关系与生产力、上层建筑与经济基础相适应，通过政治、文化、社会、生态等领域的进步带动经济领域的发展。

　　协调推进"四个全面"战略布局。"四个全面"战略布局是我们党站在新的历史起点上把握我国发展新特征确定的治国理政新方略，是新的时代条件下推进改革开放和社会主义现代化、坚持和发展中国特色社会主义的战略抉择。这个战略布局的每个"全面"之间都有紧密的内在关联：不论是全面建成小康社会还是全面建设社会主义现代化国家，都标记了这一战略布局的时间维度，是明确的战略目标，在"四个全面"中居于引领地位；全面深化改革、全面依法治国、全面从严治党是三大战略举措，其中全面深化改革是这一战略布局的动力源泉，全面依法治国是这一战略布局的法治保障，全面从严治党是这一战略布局的根本政治保障。"四个全面"战略布局体现了鲜明的历史思维，着眼于我国从全面建成小康社会到全面建设社会主义现代化国家的历史进程和阶段性特征。"四个全面"战略布局体现了鲜明的战略思维，是战略目标与战略举措的有机统一体，蕴含着重大的战略意义。"四个全面"战略布局体现了鲜明的系统观念，坚持了联系、发展的观点，是两点论与重点论的统一，遵循了统筹兼顾的要求，既在每一个"全面"上下功夫，又要在协调推进"四个全面"上下功夫。我们推进党和国家各项事业，就要统筹推进"四个全面"战略布局，坚持系统观念，做到共融共通、相互促进。

　　统揽"四个伟大"。实现中华民族伟大复兴是近代以来中华民族最伟大的梦想，也是当前和今后一个时期党和国家各项事业的价值旨向。实现民族复兴的伟大梦想，必须进行伟大斗争、建设伟大工程、推进伟大事业。这"四个伟大"紧密联系、相互贯通、相互作用，是一个有机统一的系统，其中起决定性作用的是党的建设新的伟大工程。只有进行具有许多新的历史特点的伟大斗争，才能有效应对重大挑战、抵御重大风险、克服重大阻力、解决重大矛盾，保证党和国家各项事业行稳致远。只有推进党的建设新的伟大工程，才能确保我们党永葆旺盛生命力和强大战斗力，始终成为各项事业的坚强领导核心。只有坚持和发展中国特色社会主义伟大事业，不断增强道路自信、理论自信、制度自信、文化自信，才能确保党和国家各项事业始终沿着正确的方向前进。"四个伟大"同样是坚持系统观念的体现，这一系统回答了我们该以什么样的姿态和什么样的方式来实现奋斗目标的问题。我们在推进党和国家各项事业的进程中，要统揽伟大斗争、伟大工程、伟大事业、伟大梦想，以一往无前的姿态和永不僵化、永不停滞、永不懈怠的精神状态，勇立潮头、奋勇搏击，不断夺取新的胜利。

［董振华，中共中央党校（国家行政学院）哲学教研部教授；张恺，中共中央党校（国家行政学院）研究生院博士研究生］

钱学森与系统科学思想发展 *

杨德伟

一、引言

当今世界，学科体系不断交叉，技术方法不断融合，人们越来越多地以系统工程思想为指导，解决现实世界中很多复杂问题。由于系统工程跨学科、跨领域、开放性等特点十分明显，不同技术背景、不同行业、不同领域的研究者纷纷加入到系统工程研究队伍之中，极大促进了系统工程思想迅猛发展。钱学森认为，系统工程是一门工程技术，可用来改造客观世界。因为无法避免客观事物的复杂性，所以必然要运用多个学科的综合解决问题。在此之后，系统工程思想迅速蔓延和扩展，科学技术不断发展，形成了一条十分宽广的探究路线，系统科学体系结构也逐步建立和形成。

二、工程控制论蕴含钱学森系统思想

钱学森早年时期抱着"航空救国"的梦想，踏上了赴美求学

---

* 节选自《经济研究参考》2016 年第 72 期。

◇钱学森

的艰难道路。在美国学习期间，钱学森追随著名空气动力学专家冯·卡门教授，学习自然科学技术研究，特别是在应用力学、喷气推进以及火箭与导弹研究方面，取得了举世瞩目的成就，得到了冯·卡门高度评价。钱学森还刻苦钻研工程控制论，并形成系统思想体系。

1950年至1955年，钱学森过着失去自由的生活，无法继续从事军事科学研究工作。在美国当局监控期间，钱学森仍然坚持科学研究，主要着重开展有关系统科学理论方面研究。他仔细阅读大量文献和资料，然后全身心投入撰写《工程控制论》，这本书是继美国科学家维纳于1948年发表的著名《控制论》一书之后的又一部巨著，这是他以火箭为应用背景的自动化控制方面的著作，书中充分体现并拓展了控制论的系统思想。

1954年，钱学森所著的《工程控制论》出版发行，这本书在学术界引起强烈反响，立即被译成多种文字出版发行（俄、德、中）。工程控制论所体现的系统科学思想、理论方法与应用，直到今天仍然深刻影响着系统科学、控制科学、管理科学等有关学科的发展和进步。工程控制论是控制论中发展得最为成熟和完整的分支。科学思想、理论和方法产生了重要影响，它的主要贡献是：第一，综合和总结了工程系统中控制技术成果，概括和提炼成一般理论，使其成为一门科学；第二，这一理论还被证明同样能应用到生物系统、经济系统以及社会系统等系统中；第三，工程控制论奠定了现代控制理论基础；第四，在原书中，已提出了系统学的基本思想，例如，用不太可靠的元器件可以组成可靠系统的理论，这恰是当代协同论的主要思想之一。

因此，实践证明，工程控制论已跨出了自然科学领域，属于钱学森后来所建立的系统科学体系，并为系统科学体系创建提供理论基础。钱学森创建工程控制论的事实表明，在这个时期钱学森已开始了跨学科、跨领域的研究并取得重要成就。工程控制论本身就是研究代表物质运动的事物之间的关系，研究这些关系的系统性质，可见事实上这个时期钱学森已经开展了系统科学研究。工程控制论要研究的并不是物质运动本身，而是研究代表物质运动的事物之间关系，研究这种关系的系统性质以及如何控制系统使其具有我们期望的功能。因此，系统和系统控制已经成为工程控制论所要研究的基本问题。

工程控制论是研究系统控制及其应用的科学。工程控制论研究如何分析、综合和组成系统，研究系统各个组成部分之间的关联和制约关系。这是工程技术的实际理论，可以用来系统化解决科技实际工程问题。这也体现在各个不同组成部分之间的相互作用的定性性质，以及整个系统的总体运动状态，充分体现系统思想存在的合理性及科学性。

◇钱学森工程控制论手稿

三、系统科学体系形成和发展

现代社会迅速发展，从工程应用领域继续向社会、经济、生态等方面迅猛扩展，各种工程实践变得越来越复杂。由于趋势所迫，需要大力发展一类全新的工程技术——系统工程。在被誉为"两弹一星元勋"伟大科学家钱学森的极力推广下，系统工程在社会中得到广泛应用。钱老还提议要进一步发展和深入研究这类工程技术的理论基础。

1979 年，钱学森在系统工程学术讨论会上发表《大力发展系统工程，尽早建立系统科学体系》一文，提出要建立系统科学体系的完整思想，并认为系统科学是以系统工程为研究和应用对象的一门科学技术。

对于系统科学体系研究，虽然我国很多专家在系统工程方面做过大量工作，但是系统科学本身没有实质提高。直到 1986 年，钱学森开始组建"系统学讨论班"，内容有关系统学和系统科学。钱学森热情地邀请国内相关领域最有名的专家、学者等发表演讲，每次讲完后都有评述。然后，北师大姜璐老师，把整理好的发言录音都编辑成书。讨论内容为：一方面，钱学森重点了解国际上最新科技发展动向；另一方面，钱学森提出超前的看法。钱学森再次对系统科学体系结构作了叙述，"系统科学的工程技术就是系统工程、自动控制等；技术科学层次是运筹学、控制论、信息论；将要建立的基础科学是系统学；系统科学到马克思主义哲学的桥梁就是系统论。系统科学就是这样一个体系"。基本内容见表 1。

表1　系统科学体系

哲学总论	辩证唯物主义
哲学分论	系统论
基础科学	简单巨系统学 复杂巨系统学
技术科学	运筹学 控制论 博弈论 事理学
工程技术	系统工程 自动化技术 从定性到定量综合集成工程

从整个学科体系结构来考虑，系统科学体系是一个十分复杂的体系结构。工程技术层次，可以直接用来改造客观世界。技术科学层次，属于系统工程公共理论基础，有运筹学、控制论和信息论等。在实际工作中钱学森花费了大量的时间和心血，为建立系统科学体系和创建系统学呕心沥血、倾注了毕生的精力。

下面解释系统科学体系中的基础科学——系统学。系统的概念为：系统指由相互联系、相互作用、相互影响的组成部分，构成并具有某些功能的整体。系统的三个重要基本概念包括系统结构、系统环境和系统功能。特点是系统整体上具有组成部分没有的整体性作用。系统整体性是外在形式或系统功能，单个系统并不等于系统整体。系统整体性并不是它组成部分的简单组合，而是系统整体涌现结果。研究表明：系统结构和系统环境之间的关联和制约关系，这决定系统整体性功能。

系统学建立也有助于提升系统论概念。从社会面来说，系统论属于哲学层次，是系统科学和辩证唯物主义哲学的桥梁。三个层次结构包括了工程技术、技术科学、基础科学。这三个层次结构通过哲学分论中系统论的桥梁作用，实现对辩证唯物主义哲学的理论支撑。一方面，辩证唯物主义通过系统论去指导系统科学的研究；另一方面，系统科学的发展经系统论的提炼又丰富和发展了辩证唯物主义。钱学森曾明确指出，所提倡的系统论既不是整体论也不是还原论，而是两者的辩证统一。钱学森的系统论思想后来发展成为综合集成思想，这也充分体现他对辩证唯物主义哲学思想的独特诠释。

对于系统科学研究对象，重点关注的是具有活力的机体，包括生命系统、神经系统、语言系统、国防工业系统、社会经济系统等。系统思想是客观事物普遍联系及其整体性思想，也是辩证唯物主义哲学内容。系统思想从哲学思维程度逐步发展成为系统科学体系，这是系统科学体系建立过程。系统科学体系形成，它标志着系统工程已经逐步走向成熟，系统工程理论基础得到整体延伸。

四、从系统科学到复杂巨系统科学

根据系统结构的复杂性，系统可以实现分类，分为简单系统、简单巨系统、复杂巨系统、特殊复杂巨系统。通过深入和细致的研究，得出这么一个结论，简单系统和简单巨系统有了成熟的方法论和方法。然而，复杂巨系统和特殊复杂巨系统，作为新的科学方法论和方法，为我们打开新的更加广阔的研究领域。

钱学森是一位高度重视科学方法论与方法的科学家，也善于从方法论角度处理问题。例如对国内外复杂性研究，引起高度重视但又认识不一致，钱老于是从方法论角度给出了清楚的界定，他指出，凡现在不能用还原论方法处理的，或不宜用还原论方法处理的问题，都是复杂性问题，复杂系统就是这类问题。

由于复杂性问题的开放性和复杂性，还原论和整体论都出现了一定局限性。面对如此情况，钱学森提出了把还原论和整体论结合，即系统论方法。使用系统论方法分析和处理系统时，也需要将系统进行分门别类的分解，在分解研究的基础上，再综合集成到系统整体，实现1加1大于2的整体涌现。系统的整体涌现性使系统功能发生作用，从而达到问题解决的目的。系统论方法既能处理定性问题，又能处理定量问题。因为，系统论方法不仅从整体到局部由上而下分解，而且从局部到整体由下而上整合。因此各子系统分析处理和整体涌现性都没有被完全忽略，系统论方法在方法论领域的应用，拥有绝对主导优势。

当时，国外也相应出现了相关的复杂性研究。所提到的复杂性问题，还原论有时就根本无法解决出现的问题，同时整体论也解决不了实质性问题。为了处理现实难题，盖尔曼提出了复杂适应系统（著名物理学家 Gell–Mann 积极倡导者），这个建议的提出受到学术界普遍重视，他们认为研究复杂性问题是科学技术发展的趋势。

应对更加复杂的局面，钱学森后来又提出"从定性到定量综合集成方法"以及它的实践形式"从定性到定量综合集成研讨厅体系"（以下将两者合称为综合集成方法），并将运用这套方法的集体称为总体设计部。综合集成方法的系统结构为结合专家系统、信息与知识系统和计算机系统，然后与人相互组成"人·机结合""人·网结合"的系统体系。"人·机结合"具备以人为主的思维方式和研究方法，具有更强的创造性能力和逻辑思维能力。这个系统体系能有效地发挥出综合性优势、整体性优势和智能性优势。人机结合从定性到定量的综合集成研讨厅体系，称"大成智慧工程"，用来解决现实生活中的复杂问题。

但对复杂巨系统、特殊复杂巨系统而言，普遍存在跨学科、跨领域的特点。那么，研究问题所提出的假设，通常不是一个专家或一个领域专家提出的，而是由不同领域、不同学科专家构成的专家体系，依靠群体的智慧和力量，对研究问题提出合理的经验性假设和判断。综合集成方法运用专家体系的合作以及专家体系与机器体系合作的研究方式和工作方式。具体内容为从定性综合集成到定性、定量相互结合的综合集成，再到定性到定量的综合集成，这是实现目标的三个步骤。这个过程不是截然分开的，而是循环往复、逐次递进的。

综合集成方法是处理复杂巨系统、特殊复杂巨系统的有效方法。综合集成方法的理论基础所涉及的范围非常广，包括思维科学、系统科学、数学科学、以计算机为主信息技术以及马克思主义的实践论和认识论等。目前，国内已有许多成功案例，由此可见，复杂巨系统科学基础理论能提供有效的理论支撑和技术服务，受到社会广泛认知认同。

五、运用系统科学服务国家

众所周知，社会或国家是个开放的特殊复杂巨系统，即社会系统。结合我国实际国情，通过应用系统科学去研究和解决社会问题，实际上开辟了新的途径的研究方法，将对社会进步和发展产生巨大的推动作用。现在，建设有中国特色的社会主义主要倡导"科教兴国、创新立国、人才强国"科学思想。系统科学拥有系统科学思想、理论方法与技术以及实践方式，为建设有中国特色的社会主义提供了强有力科学技术、理论和方法的支撑。

为了实现国家的宏伟目标，全面综合运用系统科学体系中方法论"综合集成方法"，也称总体设计部。总体设计部不仅有重要的科学价值，还有重要的实践意义和现实意义。我国航天事业拥有自己的总体设计部，它主要功能：运用系统方法并综合集成有关学科的理论与技术，对型号工程系统结构、系统环境与系统功能进行总体分析、总体论证、总体设计、总体协调、总体规划；

包括使用计算机和数学为工具的系统建模、仿真、分析、优化、试验与评估，以求得满意的和最好的系统总体方案；总体方案提供给决策部门作为科学依据，一旦为决策者所采纳，再由有关部门付诸实施。总体设计部在航天实践中证明是非常有效，在我国航天事业发展中发挥了重要的作用。

对于社会系统，国家也要设立总体设计部，应用到国家层次上的组织管理和国家治理方面。中国目前还没有这样研究实体，它不仅是常设的研究实体，而且以综合集成方法为基本研究方法。研究社会系统，就是研究系统的相互关联、相互作用、相互影响。研究内容涉及跨学科、跨领域、跨层次的综合集成问题。研究结果为决策机构服务，能发挥决策支持作用。系统科学中的综合集成方法为我们提供了科学方法和技术手段。我们要充分使用这些有利的方法，服务国家的全面发展。

六、总结

钱学森是系统科学的"奠基人"和"创始人"，因为他始终坚持对系统科学的研究，并取得巨大成就，得到社会普遍赞誉，特别是被学术界称为"学术泰斗"。

钱学森以高瞻远瞩的大智慧，紧紧围绕着系统科学的理论、方法和实践，对系统科学体系的知识、理论和方法进行全面研究。这为系统科学思想发展作出卓越贡献，也为系统科学实践与应用打下坚实基础。特别值得注意的是，它能解决各种跨学科、跨领域、跨层次的综合集成问题，从而为国家新形势下的发展格局出谋划策，让国家建设发展能够得到全面的整体规划、快速的发展步伐和良好的发展局面。

［作者单位：北京信息控制研究所（航天 710 所）］

费孝通的社会系统观 *

胡卫

  费孝通师从功能主义人类学大师马林诺夫斯基，将功能主义的理论观点和研究方法引入中国并以此为指导开展了大规模的社会调查，将这种方法进行了本土化。"什么是功能，功能是指一个系统的整体之内各部分之间的关系"，"功能关系是各部分间的相

◇费孝通

---

* 节选自《湖南大学学报》（社会科学版）2001 年第 S2 期，原题为《略论费孝通的社会系统观》。

互作用的关系和各部分对整体的关系"。费孝通强调将社会结构和社会整体性的功能分析置于核心地位。他倾向于个人从属于社会，并在这种状态中得到生存保证的观念。费孝通的功能主义理论结合中国国情在前人的基础上得到进一步的发展，其社会系统观有了较大创新。

一、整体的观点

费孝通说："社会决不是一个各部分不相联结的集合体。反之，一切制度，风俗，以及生产方法都是密切相关的，这种关系在中国国内经历了数千年悠久的历史，更是配合得微妙紧凑"。

费孝通社区研究不仅重调查，更重视从整体着眼对经济制度、语言、宗教观念、道德精神、社会分工、婚姻制度等各要素的整合分析，并对各种结构用生态环境和社会环境进行解释。他认为，社区研究应当是"一个综合的，实地的，对于中国文化现象的认识"。"综合的是和分别专门的，各不顾各，偏面的相反"。对江村的研究则进一步完整凸显他的功能主义的整体观。费孝通在《江村经济》前言中提出，它"是一本描述中国农民的消费、生产、分配和交易等的书，……它旨在说明这一经济体系与特定地理环境的关系，以及与这个社区的社会结构的关系"。

费孝通的《中华民族的多元一体格局》一文中，"多元一体"这一重要概念集中体现了费孝通的整体观和系统观，是他把整体性的原则贯彻到民族研究而得到的必须结果。中华民族多元一体格局中的"多元"是指这些民族的来源是多元的，各地发展不平衡，文化、习俗、语言、宗教呈现多元特点，各民族相互区分；"一体"是指各民族在发展过程中相互关联、相互补充、相互依存，有着不可分割的内在联系和共同的民族利益。"多元"与"一体"的关系是辩证统一的，多元是一体中的多元，一体是多元中的一体。

二、结构有序的观点

费孝通继承布朗的研究方法，注重社区研究的结构有序性。他的社区调查的思路就是从较低层次的社区开始，获得对该层次社区的社会结构和全貌的认识。然后，以此方法推入更高一层社区的研究，层层推进，由低层到高层，由低阶社会系统而到高阶社会系统。他的研究是由农村到小城镇再到经济区域的研究过程，一层次的研究与典型研究结合起来，概括出几个概念：类型、模式和区域经济。他的这种方法被称为"三级跳"。

他的研究最先从社会系统的第三阶农村社区开始。对个别农村社区的调查并不能代表全国的农村社区状况，因此他非常注重选择具有代表性的微型农村社区。从个别典型出发完全有可能接近对整体的研究。为此，他提出了"类型"（type）概念。通过解剖一个个农村社区的类型，同时用比较的方法把一个个社区类型描述出来，从中概括出它们的一般特点和结构，就可以从个别上升到一般，从微观社区调查上升到对中国农村社会结构的宏观理解。

进入到 20 世纪 80 年代，费孝通的社区调查和研究的范围提高了一个层次，由对农村进入对小城镇的研究。与小城镇联系的是"模式"的概念。模式（model）"就是指在一定地区，一定历史条件下，具有特色的经济发展类型"。"类型"强调的是静态结构研究。"模式"则指向范围广的社会组织程度较复杂的小城镇系统，模式强调的是动态的发展研究。但是类型与模式在基本内涵和方法论上是一脉相承的。费孝通通过长时期的调研，分别提出

了"苏南""温州""珠江""耿车""民权""宝鸡"等模式。

模式的比较已带有区域性质。费先生认为,经济发展具有地理上的区域基础。各区域不同的地理条件包括地形、资源、交通和所处方位等自然、文化和历史因素均有促进和制约其社会经济发展的作用,因而不同地区在经济发展上可以有不同的特点,"具有相同地理条件也有可能形成一个在经济发展上具有一定共同文化的经济区域,这些区域又可能由于某种经济联系而形成一个经济圈或地带"。因此,"区域经济"成为高于"模式"的第三个研究层次。在经济区域层次上,费先生展开大规模调查,形成多个经济区域的发展计划,再由各经济区域的发展出发形成全国一盘棋,大格局的规划。

三、和谐有序的观点

和谐就是指系统的发展有序。费孝通在早期的社会学研究中就形成了社会和谐与稳定的思想,并将其贯穿于他的一生的学术活动中。

费孝通早期进行社区研究时就已经注意到了人口、自然环境、经济、社会结构之间的关系。他认为"人文生态是指一个社区的人口和社会生产结构各因素间存在着适当的配合以达到不断再生产的体系。人文生态失调是指这种配合体系中出了问题,劳动生产率日益下降,以至原有生产结构不能维持人口的正常生活和繁殖。在整个西北边区,人文生态失调和自然生态失调同时值得注意"。

二次世界大战后各国为了自身经济利益和掠夺自然资源不断产生磨擦。在这种局势下,费孝通提出了"心态"的概念。心态涉及人类文化价值取向的深层次的问题。因此他说:"我们常说共存共荣，共存是生态，共荣是心态"。20世纪末不同文化、国家、民族的人，怎样才能和谐地生活在一个地球，不是相冲突，而是相援相助？这只有通过心态秩序的建设。心态秩序的建立，首先要通过"文化自觉"。

"文化自觉是指生活在一定文化中的人对其文化有'自知之明'，明白它的经历，形成过程，所具的特点和它发展的趋向，不带任何'文化回归'的意思，不是要'旧复'，同时也不主张'全盘西化'。自知之明是为了加强对文化转型的自主能力，取得决定适应新环境，新时代文化选择的自主地位。"

费孝通用十六字概括了文化自觉的历程："各美其美，美人之美，美美与共，天下大同"。"'各美其美'就是不同文化中的不同人群对自己传统的欣赏。这是处于分散、孤立状态中的人群所必然具有的心理状态。'美人之美'就是要求我们了解别人文化的优势和美感。这是不同人群接触中要求共存时必须具备的不同文化的相互态度。'美美与共'就是在'天下大同'的世界里，不同人群在人文价值取得共识以促使不同的人文类型和平共处。"

由自然生态、人文生态到心态，由自然系统到技术系统再到文化系统构成费孝通和谐观的几个层次。

把费孝通的系统观分为整体的观点，结构有序的观点，和谐有序的观点只是为了便于了解其系统观。事实上，这三个方面相互连接，不可分割，是一个有机的整体。

［作者为中共中央党校（国家行政学院）哲学教研部教授］

系统观：新时代的文明觉醒 *

薛惠锋

    党的十九届五中全会审议通过的《中共中央关于制定国民经济和社会发展第十四个五年规划和二〇三五年远景目标的建议》，将"坚持系统观念"作为"十四五"时期我国经济社会发展必须遵循的五项原则之一，指明了提高社会主义现代化事业组织管理水平的方向。深入学习贯彻、切实用好这个原则，是中国系统工程学会的中心任务，也是中国航天系统工程研究院的中心工作。

    坚持系统观念，需要跳出中国、放眼世界，站在人类文明发展的坐标轴上，把握系统思想的发展脉络。欧洲的文艺复兴，引发了由"神"到"人"思想解放，使人类走出中世纪的蒙昧，迎来了现代文明的曙光，进而催生了一波又一波的科学革命、技术革命、产业革命、社会革命。这一系列的发展进步，都是以"还原论"为思想基础，就是将复杂对象不断分解为简单对象，将全局问题不断分解为局部问题去解决。无论是把物质细分到原子，还是把生物细分到细胞，基本上都围绕一个"分"字展开。然而，"还原论"遭遇复杂化的世界，显得越来越力不从心、捉襟见肘。物理学对物质结构的研究已经到了夸克层次，却无法窥探宇宙的全貌；生物学对生命的研究也到了基因层，但是仍然无法完全攻克癌症问题。20世纪40年代以来，以"还原论"方法创立的现

---

* 选自《网信军民融合》2021年第1期。

代科学已经在一定程度上进入了停滞状态，可以与"相对论"和"量子物理"相比肩的重大科学发现少之又少。我们不断遇到材料的极限、动力的窘境、能源的危机、生命的无助、智能的瓶颈。应用科技看似发展迅速，实际上已经快要榨干基础科学这个河床的最后一滴水。正如菲律普·安德森在《科学》杂志上的论文所说，过去数百年，取得辉煌成功的还原论思想，走到了尽头。因此，一种融合整体论、超越还原论的全新思潮应运而生。

20 世纪中期以来，以一般系统论、控制论、信息论为代表的"老三论"和以结构论、协同论、突变论为代表的"新三论"，将科学研究从"拆分"观点转向"整体"观点。统计学为研究简单系统提供了切实有效的方法，特别是普利高津的耗散结构理论和哈肯的协同学，对于研究简单系统和简单巨系统提供了理论和方法。然而这些理论都只是整体论的"升级版"，虽然在一定程度上，解决了简单巨系统的开放性、自组织等问题，但仍然没有解决复杂系统的不确定性、涌现性等问题，特别是忽视了人的因素，无法应对有人参与的复杂系统。

系统工程中国学派的创始人钱学森同志，首次创立了"开放的复杂巨系统理论"。这一理论，解决了"一般系统论"没有解决的问题，具有三个划时代的优越性：

其一，实现了"还原论"与"系统论"的对立统一，能够解决复杂系统的涌现问题。既避免了"还原论"思想中"只见树木，不见森林"的矛盾，也避免了"整体论"思想中"只见森林，不见树木"的弊端。

其二，开创了"人—机—环"系统工程，从而有效处理有人参与的复杂社会问题，通过人机合一、机环融合，实现了中国古代"人天观"的科学化。

其三，提出了从定性到定量的综合集成法，为解决所有开放复杂的巨系统问题提供了有效管用的方法工具，真正实现了"集大成、得智慧"。

开放的复杂巨系统理论，是人类认识客观世界、改造客观世界的一次伟大觉醒。曾有人评价，钱学森的系统论，是一次科学革命，其重要性不亚于相对论或量子力学。

1991年，钱学森被授予国家杰出贡献科学家荣誉称号。这是共和国历史上授予中国科学家的最高荣誉，而钱学森是这一荣誉迄今为止唯一一位获得者。在颁奖仪式后，钱学森说过这样一句话："'两弹一星'工程所依据的都是成熟理论，这个没什么了不起，只要国家需要我就应该这样做，系统工程与总体部思想才是我一生追求的。"

当前，如何坚持系统思维、系统观念，用钱学森的系统论，为"十四五"时期发展提供理论支撑和方法论支持，更好地把党的十九届五中全会的各项决策部署落到实处，有四个方面需要把握：

第一，统一"偶然"与"必然"，实现前瞻性思考。

党的十九届五中全会强调，当今世界正处于百年未有之大变局，未来的"不稳定性和不确定性明显增加"，但只要"认识和把握发展规律""保持战略定力、办好自己的事"，就一定能"危机中育先机、变局中开新局"。"不稳定""不确定"是偶然的，而发展规律是必然的，在偶然的世界中，通往必然胜利的未来，这就需要实现"偶然"与"必然"的对立统一。钱学森认为，复杂系统是由无数个局部的偶然事件组成。这些偶然事件本身具有随机性质，是难以预测的。然而，无数个偶然事件通过深度融合，使一些全新属性或规律，会突然在系统整体的层面诞生。这就是复杂系统的涌现现象。这些新的属性或规律，与外部环境相互作用，促使系统内在的主要矛盾逐渐发生变化，直至旧的矛盾消失，产生新的矛盾，这决定了系统演化的总体方向。这个演化方向，不以个体的意志为转移，不为局部的偶然事件所改变，是无数偶然事件所蕴含的必然规律。只要方法得当，是可以预见到的。例如，某项新兴技术的研发成功，是偶然事件。它在各领域的广泛运用，会涌现出新的生产力。旧的生产关系如不能适应生产力发展的需要，就必然会引发社会变革。这就是人类社会发展的偶然和必然。

第二，统一"还原"与"整体"，实现全局性谋划。

党的十九届五中全会提出，"我国发展不平衡不充分的问题仍然突出"，所以要"坚持全国一盘棋，更好发挥中央、地方和各方面积极性"。这就需要实现"还原论"和"整体论"的有机融合、对立统一。钱学森说，还原论的优势在于由整体向下分解，研究得越来越细，但其不足在于由局部到整体难以回溯，解决不了高层次和整体性问题。不还原到元素层次，不了解局部的精细结构。但是，如果没有整体观点，对事物的认识是零碎的，就不能从整体上把握和解决问题。科学的态度是把还原论与整体论融合起来，用系统论的方法研究解决问题，特别是解决由下往上的问题，即复杂系统的"涌现"问题，打通从微观到宏观的通路，把宏观和微观统一起来，谋取全局最优。通过组织、调整系统组成部分或组成部分之间、层次结构之间以及与系统环境之间的关联关系，使它们相互协调，在整体上涌现出我们期望的最好的功能，实现"用不是最优的局部来构造最优的全局"。

第三，统一"定性"与"定量"，实现战略性布局。

党的十九届五中全会既总结了"十三五"时期我国发展成效的详实的定量数据，又从数据背后蕴含的特征和规律出发，定性总结了我国发展面临的形势和问题，以此为基础，科学提出了"十四五"时期我国发展的战略性布局。在这个总体布局下，设计某一领域、某一行业的工作时，如何处理好"定性"与"定量"

的关系，做好科学布局？钱学森说：从定性到定量的综合集成法，就是在定性综合集成的基础上，通过人机结合、以人为主的方式，再进行定量的综合集成。这里面既有专家群体的智慧，也包括了不同学科、不同领域的科学理论和经验知识，通过人机交互、反复比较、逐次逼近，最终实现从定性到定量的综合集成，获得对系统的精确定量认识，从而对经验性假设正确与否作出科学结论。从定性到定量的综合集成法，能把人的感性思维、创造思维和机器的逻辑思维与计算能力融合在一起，其智能、智慧和创造能力处在最高端。从定性到定量的综合集成法，是唯一能有效处理开放的复杂巨系统，真正实现战略性布局的方法论。

好的蓝图，需要依靠日常的决策与执行来实现，这也要避免零敲碎打，而要实现整体推进。

第四，统一"决策"与"执行"，实现整体性推进。

中央提出，推动国家治理体系和治理能力现代化，实现科学决策、民主决策、依法决策，基本建成法治国家、法治政府、法治社会。钱学森对"决策"与"执行"有着深刻的解读。钱学森说，决策机构之下，不仅有决策执行体系，还有决策支持体系。前者以权力为基础，力求决策和决策执行的高效率和低成本；后者则以科学为基础，力求促进决策科学化、民主化和程序化。两个体系无论在结构、功能和作用上，还是体制、机制和运作上都是不同的，但又是相互联系相互协同的。两者优势互补，共同为决策机构服务。决策机构则把权力和科学结合起来，形成改造客观世界的力量和行动。从我国实际情况看，多数部门把决策执行体系、决策支持体系合二为一了。一个部门既要作决策执行又要作决策支持，结果两者都可能做不好，而且还助长了部门利益。超越部门利益和短期行为，加快推进我国治理体系和治理能力现代化进程，显得尤为重要。

伟大觉醒必将孕育伟大创造。开放的复杂巨系统理论，其理论体系、技术工具、实践真知，必将推动智慧的薪火代代相传、发展的动力源源不断、文明的光芒熠熠生辉！让我们站在大师肩膀上，用系统论观察时代、解读时代、引领时代，不断推动系统工程中国学派迈向新高度、开辟新境界！

（作者曾任中国航天系统科学与工程研究院院长、国际宇航科学院院士）

坚持系统观念的基本逻辑与时代价值 *

李丽

　　坚持系统观念，既是习近平新时代中国特色社会主义思想方法论的重要内容，也是全面建设社会主义现代化国家的重要遵循。全面理清坚持系统观念的基本逻辑，深刻认识坚持系统观念的价值意蕴，是立足新发展阶段、贯彻新发展理念、构建新发展格局的必然要求。

系统观念是辩证唯物主义的重要认识论方法论

　　作为辩证唯物主义的重要认识论方法论，系统观念是指凭借系统思维分析厘定事物内部各要素的联系，从而探寻事物发展的本质，最终在整体层面上总结事物发展内含的客观规律。

　　唯物辩证法以系统性作为逻辑起点，坚持从整体层面审视和解构客观世界。马克思从系统整体的高度出发，认为自然界和人类社会是一个有机系统，在系统思想的指导下明晰了人类社会各要素间的交互关系，充分论证了自然界和人类社会是一个总体性范畴。恩格斯也阐述了关于世界系统性的思想，主张只有从这种普遍的相互作用出发，才能达到现实的因果关系。马克思恩格斯深刻揭示了事物间的普遍联系和永恒运动规律，明辨了系统内部各要素的层级结构关系和系统变化的主导趋向，"不同要素之间存在着相互作用。每一个有机整体都是这样"。马克思恩格斯的自然

---

* 　选自《中国纪检监察》2021 年第 8 期。

观、社会历史观和认识论思想中闪烁着丰富的系统论的光辉，为理解世界和改造世界构建了基本的有机系统思想、提供了基础的科学方法论。

列宁在继承马克思主义思想精髓的基础上，更加关注事物发展中的不同矛盾体，明确对立统一是矛盾的本质和内核，形成了以矛盾分析为纲要的系统理论。同时，列宁从系统层面认识到世界革命进程中的一般与个别，运用马克思主义革命辩证法指导革命实际，推动了世界无产阶级革命运动的发展。

坚持系统观念，既是坚持以辩证唯物主义视角审视客观事物的基本准则，也是全面深刻探寻客观世界规律的必然遵循。坚持系统观念，必须秉承整体、系统、联系和发展的原则看待和解决问题，坚持用矛盾分析方法来解构系统中的多重关系，最终推进事物整体的变化发展。

中国共产党人是坚持系统观念的光辉典范

在百年光辉奋斗历程中，中国共产党始终是一个重视思想建设和理论总结的政党，始终坚持以马克思主义系统观念认识客观实际、指导客观工作。中国共产党所秉持的系统观念，在继承马克思恩格斯列宁等马克思主义经典作家思想结晶的基础上，牢牢扎根于中国社会发展实际，形成了具有中国特色的系统观念和思维方法，对丰富马克思主义系统观作出了卓越贡献。

中国共产党人是坚持系统观念的光辉典范。毛泽东同志在领导革命和建设的不同历史时期，坚持在世界历史大系统的演化视野下考察中国社会，不搞单一，分清矛盾主次，围绕着系统大局找准中国的角色定位。《矛盾论》从事物内部矛盾入手，主张"事物发展的根本原因，不是在事物的外部而是在事物的内部，在于事物内部的矛盾性"。抗日战争时期，中国社会面临前所未有的危局，毛泽东同志认为，日本帝国主义已经成为系统中的主要矛盾，针对性地提出了建立抗日民族统一战线的主张，要求联合一切力量，锻造坚实的同盟战线，为反侵略战争的胜利奠定了基石。毛泽东同志在军事方面也多次强调要协同作战、相互配合，集中优势力量，实现以少胜多。

作为改革开放的总设计师，邓小平同志坚持从系统整体的高度发展中国特色社会主义事业，指出"我们的一切工作都会涉及全局与局部的关系、中央与地方的关系、集中统一与因地制宜的关系"。邓小平同志对于系统内部各要素的层级性和变动趋势有着深刻洞察，多次强调我国正处于社会主义初级阶段的基本国情，推动形成对内改革、对外开放的大格局，擘画了我国社会主义现代化建设"三步走"的发展蓝图。

党的十八大以来，习近平总书记站在党和国家事业发展全局高度，将系统观念作为具有基础性的思想和工作方法，统筹国内国际两个大局、统筹"五位一体"总体布局和"四个全面"战略布局，形成了一系列新布局和新方略，带领全党全国各族人民取得了历史性成就。2020年，党的十九届五中全会明确将"系统观念"确立为指导社会主义现代化建设的重要原则。在十九届中央政治局第二十六次集体学习时，习近平总书记再次强调坚持系统观念的极端重要性，要求"坚持系统思维构建大安全格局，为建设社会主义现代化国家提供坚强保障"。站在全面建设社会主义现代化国家的新起点，坚持以系统观念为指导，既是推动社会主义现代化全面协调的必然要求，又是把握中国社会未来演化图景的应有之义。新征程必须立足中国社会发展的客观实际，对社会系统进行整体设计，实现各要素间的协同配合，才能最终达成社会的全面发展。

坚持系统观念是新时代统筹我国发展和安全的重要法宝

坚持系统观念，不仅要求深刻认识系统内含的本质和规律，还必须将系统的方法论原则贯穿社会发展全过程和各领域，实现系统内部各要素各尽其职、协同配合，达到系统整体的效用最优。党的十九届五中全会要求，加强前瞻性思考、全局性谋划、战略性布局、整体性推进，办好发展安全两件大事。贯彻系统观念的方法论原则，既是推动系统观念与社会主义现代化建设客观实践深刻融合的重要环节，也是为中国特色社会主义事业注入活跃因子的时代要求。

推进社会主义现代化建设的全面协调需要系统观念方法论的切实指导。不谋全局者，不足谋一域。习近平总书记强调，要正确认识和坚定维护党和国家工作大局、改革发展稳定大局、党的领导和社会主义政权安全大局、全党全国团结大局，自觉在大局下想问题、做工作。新时代全面协调推进社会主义现代化建设事业，首先，要运用前瞻性思考对当前社会新发展阶段的形势进行深入辨析，增强机遇意识，厘定未来发展方向；其次，要审慎认识到中国特色社会主义建设事业是一盘棋，要秉承全局性视野发现问题、谋划发展，秉承大局意识，自觉服从全局安排，明晰新征程发展目标；再次，要在统筹谋划的基础上，推进战略性布局，突出重点，把握矛盾系统中的重大关系，统摄全局发展价值；最后，在总体目标的指引下，畅通系统各环节、各要素间的程式回路，凝聚系统的整体合力，促进社会系统功能的最大优化，实现整体性推进，建构中国特色发展模式。中国特色社会主义现代化建设事业是事关全局、关系内外的系统工程，要一以贯之地坚持系统观念的科学思维指导，实现系统观念方法论的集中统一体现。

在推进发展的过程中维护国家独立和安全也离不开系统观念方法论的凝魂聚力。随着国内外局势的深刻变化，在推进民族复兴的伟业中，要坚持独立自主的基本原则，增强风险防控的能力，提高防范化解重大矛盾风险挑战的本领。首先，要加强对世界发展情势的前瞻性思考，理性分析当前影响发展的国内外因子，对重要战略机遇期前景作出科学预判；其次，坚持从全局维度实现发展与安全的相互协同，既要着重发扬自身的优势，也要关注发展过程中的危机风险，织密防控网络；再次，发展与安全两件大事相辅相成，保证自身的安全独立是进行战略性谋划、谋求特色发展的基本前提，发展建筑于安全基石之上，安全是为了筑牢发展根基；最后，在全面深化改革的进程中要保持自身的特色内核，科学应对危机风险，在社会系统大局安全稳定的基础上寻求更深层的突破，实现发展与安全的整体性推进。

（作者单位：山东大学马克思主义学院）

坚持系统观念谋划推进国有企业改革 *

杜国功

2021 年《政府工作报告》指出，"坚持系统观念，巩固拓展疫控和经济社会发展成果"。全面、完整、准确把握系统观念所蕴含的马克思主义立场、观点与方法，更加主动自觉运用好这一基本原则，并贯穿在"十四五"时期全过程和各环节，是深入实施国企改革三年行动、做强做优做大国有资本和国有企业以及推进国企改革发展落实落地的有力保障。

立足整体性 从整体和全局出发分析、处理和解决问题

系统观念下的整体性，要求从整体和全局出发分析、处理和解决问题，不仅要理清哪些是不可或缺的组成部分，而且还要理清各组成部分之间的相互联系与相互作用，以及把握好整体与部分之间的相互关系，进而推动事物在整体上呈现出应有的属性或功能。立足新发展阶段，坚持系统观念谋划推进国有企业改革发展，从整体性原则出发：

一是始终坚定国有企业改革的目标与方向。目的性是任何系统都应具有的特定功能和既定要求，是系统整体性要求的直接体现。要始终牢牢把握做强做优做大国有资本和国有企业的信心与决心，心无旁骛凝心聚力，不断增强国有经济的竞争力、创新力、控制力、影响力和抗风险能力，巩固夯实中国特色社会主义的重

---

* 选自《经济参考报》2021 年 3 月 22 日。

要物质基础和政治基础，充分彰显党执政兴国重要支柱和依靠力量的中坚骨干作用。任何环境、任何时候、任何挑战，都不能动摇、怀疑或犹豫，要自始至终、理直气壮、一以贯之地贯穿在国有企业改革发展的全过程、各领域、各环节。

二是始终贯通国有企业改革的当前与未来。国有企业改革发展既要立足当前、以史为镜、继往开来，充分总结、评估和吸收已有的改革经验与有效实践，客观剖析存在的不足、短板和弱项，在总结中完善，在完善中提高；又要面向未来、着眼长远、放眼百年，突出前瞻性、战略性和时代性，不断激发改革发展动力和潜力，推动国有企业改革发展事业不断向前。通过把国有企业改革发展的历史、现实和未来贯通起来审视与思考，就能更好地把握改革发展大势、辨明改革发展方向、制定务实管用措施；通过把国有企业近期、"十四五"时期和远期目标统筹起来谋划，就能更好地做到未雨绸缪、把握主动、占领先机。

三是始终锚定国有企业改革的任务与要求。国有企业要紧扣国内国际两个大局，立足党和国家事业全局，统筹把握各方面、各领域、各环节的重点与难点，继续在1+N政策体系顶层设计的指引下，进行久久为功脚踏实地的部署与推进。特别是落实好国企改革三年行动确定的思路和举措，进而为"十四五"时期乃至第二个一百年奋斗目标奠定更为扎实的基础、提供更为深厚的支撑。

四是始终确保国有企业改革的协同与匹配。着眼整体性搞好国有企业，要注重提升国有企业的整体素质与能力。要推动国有企业在扬长避短、补足短板、锻造长板中提升整体效能，在应对市场充分竞争、融入国际产业分工、服务国家战略使命中承担应有的责任、实现应有的价值。要始终坚持"十个指头弹钢琴"，注重深入研究国有企业改革发展各领域各方面各环节改革的关联性和适配性，确保各项改革举措的耦合性、协同性和互补性，使得全局和局部相配套、治本与治标相结合、渐进与突破相衔接，最大限度实现政策取向上的相互配合、实施过程中的相互促进、实际成效上的相得益彰。

着眼结构性　把握事物不同结构和不同维度之间的关系

系统观念下的结构性，要求注重把握事物不同结构和不同维度之间的相互关系，重视并加强对事物结构的辨识与研究。通过结构的调整和优化，推动事物存在演进形态的合理化以及系统功能作用的正强化。立足新发展阶段，坚持系统观念谋划推进国有企业改革发展，从结构性原则出发：

一是以深化供给侧结构性改革为主线。新时代新阶段的发展必须贯彻新发展理念，必须是高质量发展，这是由我国社会不平衡不充分的发展之间的矛盾，以及我国经济由高速增长阶段转向高质量发展阶段所决定的。这就要求必须把发展质量问题摆在更为突出的位置，着力提升发展质量和效益。服务推动高质量发展为主题的总体要求，国有企业要继续以供给侧结构性改革为主线，加快转变增长与发展方式，转换增长动力与潜能，推动经济结构与产业结构优化升级，提升科技创新能力与比重，提高供给体系质量与水平，增强产品供给与有效需求之间的互动性，创新创造更多有效供给，提高全要素生产率，增强持续发展动力。

二是以国有经济布局结构调整为抓手。推进国有经济布局优化和结构调整，对更好服务国家战略目标、更好适应高质量发展、更快构建新发展格局都具有重要的历史意义和现实意义。要综合运用经济的、法律的、市场的和调控的手段，推动传统产业改造升级，大力培育战略性新兴产业，加大科技投入，加快自主创新。要坚持有所为有所不为，盘活存量，调整存量结构，做优增量，优化增量投向。要聚焦服务国家战略安全、产业引领、国计民生、公共服务等功能，促进国有资本进一步向符合国家战略的重点行业、关键领域和优势企业集中，推进国有经济布局与结构合理化、完善化、数字化和生态化。

三是以培育有效市场竞争结构为关键。构建高水平社会主义市场经济体制，必须要充分激发各类市场主体活力，推动市场竞争更为公平有序，推动市场结构更为合理高效。要推进能源、铁路、电信、公用事业等行业竞争性环节市场化改革，促进社会专业化分工，提高行业集中度，着力打造培育更多合格市场主体。要积极稳妥推进混合所有制改革，鼓励和支持国有企业之间以及国有企业与其他类型企业之间重组整合，畅通产业链、价值链和供应链，优化资源配置，减少重复投入，降低运营成本，发挥协同效应，提高运营效率，提升品牌形象，打造核心竞争力。

四是以提升国企内部结构质量为基础。国有企业要加快自身产业布局与结构的战略性调整，紧紧围绕主责主业确定的范围，严控非主业投资的规模与比重，推动资源与能力向优质的、战略性的、有前景的业务、单元或产品集中，夯实持续发展基础，巩固市场竞争优势。要注意全局把控现有业务和新兴业务的投资比例，主业内不同业务或单元的投资比例，同一业务或单元内部的投资比例，不同区域市场的投资比例，境内与境外的投资比例等。要在保持自身产业结构、投资结构、财务结构、组织结构等方面相对稳定性的基础上，结合"十四五"时期要求、行业发展态势、竞争格局变化和发展战略导向等因素，前瞻性、及时性、动态性地做出调整、优化、革新与完善。

把握层次性　注重整体内不同层次之间的关系

系统观念下的层次性，要求注重把握整体内不同层次之间的关系，既要揭示整体内不同层次的共同运动规律，又要特别研究和发现不同层次的特殊属性和特殊要求，进而通过分层分类、分门别类推动系统整体实现发展进步。立足新发展阶段，坚持系统观念谋划推进国有企业改革发展，从层次性原则出发：

一是国家层面推进经营性国有资产集中统一监管。实现经营性国有资产集中统一监管，既是国有企业深化改革应当秉持的共性经验，也是被实践证明更为科学有效的改革路径。要坚决落实党和国家机构改革有关决策部署，积极稳妥推进中央和地方党政机关与事业单位的经营性国有资产集中统一监管。要按照"谁投资谁管理""谁管理谁负责"的原则，各有关国家机关和事业单位、各地方政府要推进所管理国有企业的公司制改革工作，明确目标任务、具体措施和时间节点，加强指导督促和审核把关，强基固本，规范管理，为实现集中统一监管创造条件、夯实基础、做足准备。

二是出资人层面完善以管资本为主的国有资产监管体制。要按照管好资本布局、规范资本运作、提高资本回报、维护资本安全的基本思路，梳理、优化和精简国资监管制度体系，增强科学性、完备性和系统性。要全面实行并动态调整清单管理事项，深入开展分类授权放权，强化事中事后监管，增强监管的系统性、针对性和有效性。要有效发挥国有资本投资和运营公司功能作用，形成国有资本投资公司、国有资本运营公司、产业集团公司分层次的出资企业格局，体现出定位鲜明性、分工明确性和发展协调性。要更加注重发挥国有资本的整体功能与作用，立足出资关系和产权纽带履行出资人职责，动态完善考核评价体系，增强科学性、依法性和合规性。

三是国有企业层面完善市场化的经营管理机制。要按照培育真正合格市场主体的基本原则和要求，在全面完成公司制改革改造的前提下，充分发挥章程在公司治理中的基础作用，完善法人治理结构，规范治理制度体系，实现国有企业制度的中国特色、形神兼备和现代水平。要充分尊重市场经济规律和企业发展规律，紧紧围绕激活力、提效率、促发展的要求，切实深化劳动、人事、分配三项制度改革，破除利益固化的藩篱，真正实现管理人员能上能下、员工能进能出、收入能增能减。要采取更加灵活多样、结合企业实际、契合行业特点、易于操作执行的激励约束手段与方法，培育具有反应灵敏、运行高效、富有生机特点的市场化经营机制。

四是国企内部层面强化集团化的管控模式。国有企业要加强和突出战略管理的层次性，明确集团总部功能定位，善于利用数据化、信息化、智能化等分析工具，评估集团内外部环境变化，充分考虑市场变化以及客户需求，完善制度流程体系，明确权力责任清单，切实增强集团管控力。集团总部层面要继续落实去机关化和去行政化的改革要求，发挥战略引导、产业培育、统筹协调的作用，子公司或业务单元层面要发挥贯彻集团战略意图、深耕行业发展、培育专业能力的作用，生产一线和基层单元要发挥提供高品质产品或服务、展示良好品牌形象、培育团结和谐文化的作用。通过做强总部、做精专业、做实基层，形成集团上下层次清晰、分工明确、沟通顺畅、衔接紧密的运行管控格局。

推进开放性　把握事物与其外部环境之间的关系

系统观念下的开放性，要求注重把握事物与其外部环境之间的关系，通过与外部环境进行物质、能量和信息的交换，促进事物不断从低级向高级、从简单到复杂、从无序向有序发展演化。立足新发展阶段，坚持系统观念谋划推进国有企业改革发展，从开放性原则出发：

一是深刻认识开放性的基本特点。一方面，要充分认识开放的一般属性。国有企业从改革中一路走来，也必将依靠改革走向未来。而改革与开放相辅相成、相互促进，国有企业的改革发展只有始终融入我国改革开放的伟大征程之中，才能实现国有企业的浴火重生、脱胎换骨和凤凰涅槃，这也体现着开放性所具有的包容性、交换性和互利性的基本特征；另一方面，要充分认识开放的特殊属性。不同的发展阶段，有不同的主题和要求。国有企业改革发展已经步入新的发展阶段，开放性也必然要体现出与时俱进的时代特征，即在面对复杂性、挑战性、冲击性和不确定性之中，所呈现出的多样性、全球性和规则性的特点。

二是准确把握开放性的内涵要求。进入新发展阶段，全球需求结构和生产函数已经发生重大变化，提高生产与供给质量水平，国有企业需要更加强调改革发展的自主性、创新性和持续性。要主动适应外部环境变化带来的新矛盾新挑战新问题，乘势而上顺势而为，调整优化成长路径与模式。要处理好对外开放和自主自立的关系，立足自身改革发展已经积累的经验、基础和条件，充分利用我国经济纵深广阔的优势，更好发挥规模效应和集聚效应。要继续秉持开放合作的战略理念，加强与国际经济的联系与互动，借助更大范围、更宽领域、更深层次的对外开放，不断推进国有企业全方位融入世界发展格局。

三是贯彻落实开放性的重点举措。国有企业要全面分析与认清自身在国内大循环和国内国际双循环中所处的地位作用以及所有的比较优势，结合"十四五"规划实施，制定针对性的战略规划和具体举措，将构建新发展格局作为落实开放性的重大时代课题。要积极主动参与更高水平的对外开放，更广泛更深度融入世界经济之中，服务"一带一路"倡议，高质量引进来和高水平"走出去"，实现共建共商共享，推动更加紧密稳定全球经济循环体系的形成。要强化国有企业在创新中的主体地位，打好关键核心技术攻坚战，锻造产业链供应链长板，补齐产业链供应链短板，增强全球价值链掌控力，在开放条件下促进科技能力提升。要着力在基础设施建设、能源资源开发和高端装备制造等领域开展合作，深度融入全球供应链体系，积极参与国际标准制定。要保持开放的胸襟与姿态，深入开展创建世界一流示范企业工作，与领先国有企业、知名跨国公司以及优秀民营企业对标对表，通过在公司治理、运营质量、管理能力、科技创新、激励机制和人才培养等全方位多角度的比较与分析，在学习借鉴、取长补短、互促互进中增强全球竞争力。

立足新发展阶段，贯彻新发展理念，构建新发展格局，实现高质量发展，对国有企业改革发展提出了新的更高要求。坚持系统观念出发谋划推进国有企业改革发展，尤其需要把握好整体性、结构性、层次性、开放性等四个方面的基本要求。广大国有企业要统揽全局准确识变，把握机遇主动求变，勇于开拓科学应变，永立潮头达权通变，以舍我其谁的视野和境界，以胸怀大局的姿态和风貌，以深化改革的使命和担当，以包容多样的意识和理念，前瞻性思考、全局性谋划、战略性布局、整体性推进，坚定地向着第二个百年奋斗目标进军。

（作者为国务院国资委研究中心党委副书记、纪委书记）

五、实践探索

以系统观念谋划山水林田湖草沙治理工程 *

王波

3月5日下午，习近平总书记来到他所在的内蒙古代表团参加审议，再次强调，要统筹山水林田湖草沙系统治理。自2013年首次提出"山水林田湖是一个生命共同体"理念以来，通过"三北"防护林、天然林保护、退耕还林还草等重点工程，尤其是山水林田湖草生态保护修复工程的试点实践和理论升华，推动这一理念内涵得到丰富和拓展。

近日，财政部、自然资源部、生态环境部启动了2021年度山水林田湖草沙一体化保护和修复工程（以下简称山水工程）申报工作，各省（自治区、直辖市）也正在积极谋划山水工程申报实施方案。笔者基于公共治理理论视角，梳理了"山水林田湖是一个生命共同体"理念的发展历程和最新动态，并结合多个国家山水工程试点实施的体会，尝试解读了这一理念的新内涵，提出了山水工程实施方案编制的4个"研究链条"，以期为正在组织申报山水工程的地区提供参考。

"山水林田湖是一个生命共同体"理念内涵不断得到丰富和拓展

在治理理念上，强调整体系统观，坚持人与自然和谐共生，坚持节约优先、保护优先、自然恢复为主的方针；人与自然是生命共同体，人类必须尊重自然、顺应自然、保护自然。习近平总

---

* 选自《中国环境报》2021年3月11日。

书记多次在重要会议上阐述"山水林田湖草是生命共同体"理念。比如，2013年，在党的十八届三中全会上，首次提出山水林田湖是一个生命共同体。2018年，在长江经济带发展座谈会上指出，治好"长江病"，要科学运用中医整体观，从生态系统整体性和长江流域系统性出发，统筹山水林田湖草等生态要素。这些重要讲话，全面体现了"山水林田湖草是生命共同体"的治理理念，为新发展阶段加快推进生态保护与修复工作提供了理论指导。

在治理内容上，随着实践和理论的升华，自然生态要素增加了"草"和"沙"；流域从"三水统筹"转变为"五水统筹"，同时增加了"江河湖库"的协同治理。习近平总书记的系列重要讲话，不断丰富和拓展了"山水林田湖草是生命共同体"理念的治理内容。比如，2017年，在中央深改组会议上，首次提出坚持山水林田湖草是一个生命共同体。2020年8月，在中央政治局会议上，提出统筹推进山水林田湖草沙综合治理、系统治理、源头治理。2020年，在全面推动长江经济带发展座谈会上，提出"统筹考虑水环境、水生态、水资源、水安全、水文化和岸线等多方面的有机联系，推进长江上中下游、江河湖库、左右岸、干支流协同治理"。这些重要讲话，再次诠释了生态系统是个有机整体，生态保护和污染防治密不可分、相互作用，进一步拓展了新发展阶段生态治理的范畴和领域。

在治理方式上，要统筹兼顾、整体施策、多措并举，注重综合治理、系统治理、源头治理，强调整体性、系统性、关联性、耦合性和科学性；坚持整体推进和重点突破有机结合，实现生态一体化保护与修复。习近平总书记参加有关重要会议和到各地考察时，多次强调要牢固树立生命共同体的系统思维。比如，2017年，在党的十九大上，提出统筹山水林田湖草系统治理。2019年，在黄河流域座谈会上，提出要坚持山水林田湖草综合治理、系统治理、源头治理。去年以来，在山西、陕西、安徽、贵州等省份考察时，也提出了"统筹推进山水林田湖草系统治理"或"坚持山水林田湖草一体化保护和修复"的要求。这些重要讲话，是新时代坚持系统观念在生态治理领域的具体体现，为一体化推进保护修复提供了价值观和方法论。

在治理机制上，强调协调联动、协同发力；落实主体功能区战略，实施国土空间用途管控，严守生态红线；加强全过程自然生态监管，开展成效监测评估，应对全球气候变化。习近平总书记多次强调，要健全自然资源资产管理体制，完善自然资源监管体制机制。比如，2013年，在党的十八届三中全会上，指出由一个部门负责领土范围内所有国土空间用途管制职责，对山水林田湖进行统一保护、统一修复是十分必要的。2020年，在长江经济带座谈会上，指出要加强协同联动，强化各种生态要素的协同治理。这些重要讲话，破解了自然资源资产管理体制改革难题，健全了生态保护监管机制，为自然生态保护与修复提供了制度保障。

山水林田湖草沙工程谋划的4个研究链条

在学习山水工程有关文件精神后，笔者结合多个试点工作体会，建议在编制实施方案时，侧重于技术链条、目标链条、尺度链条和资金链条的研究。

（一）技术链条。按照问题诊断—原因剖析—目标设定—工程谋划—绩效评价—运维管护的研究链条，提出从源头上系统治理的实施方案。问题诊断和原因剖析上，要追根溯源、诊断病因、找准病根，分类施策、系统治疗。目标设定要坚持问题导向和功能导向相结合，突出生态主导功能，提升生态系统质量。工程谋划应围绕生态主导功能和突出问题，因地制宜地采取严格保护、自然恢复、辅助再生、生态重建、环境治理五类措施。绩效评价应根据工程目标和措施，定量和定性相结合确定绩效目标。提出各类工程竣工验收后的运维制度，建立长效机制，巩固生态成效。

（二）目标链条。按照总体目标—年度目标—绩效目标—项目成效的研究链条，提出实施方案的主要目标。总体目标可分为近期目标和远期目标，由年度目标汇总构成。年度目标需根据年度计划来合理设定，其核心指标为年度绩效目标。年度绩效目标由工程年度预期成效汇总取得。项目成效由修复单元中不同子项目生态成效构成。

（三）尺度链条。按照景观尺度—系统尺度—场地尺度的研究链条，提出实施方案的总体布局、修复单元和实施范围。总体布局需契合景观尺度的生态主导功能，聚焦生态修复核心区，侧重于生态格局优化、生态廊道连通性打通、受损生态系统修复等，筑牢区域生态安全屏障。系统尺度对应修复单元，是项目谋划的实施区域，若干个有机联系的修复单元，组成工程总体布局的一个部分，再由多个部分共同构成总体布局。场地尺度是子项目谋划的实施范围，若干个子项目组成工程的一个项目。其中，修复单元的划定和命名，需统筹考虑生态系统的主导功能、突出问题、流域边界和行政区划等因素而确定，而修复单元的名称也可为山水工程项目命名提供参考。

（四）资金链条。按照中央资金—地方配套—社会资本—公众参与的研究链条，提出实施方案的资金概算和筹措方式。在中央资金方面，建议涵盖拟申请山水资金、其他生态资金、污染防治资金、重点生态功能区转移支付等。拟申请山水资金中，建议在谋划生态修复类项目的同时，加强生态保护类项目设计，如保护地能力建设、监测网络构建、红线勘界定标等，便于落实保护优先、自然恢复为主的原则。其他生态资金包括天保工程、退耕还林还草、草原奖补等资金，侧重于配合山水工程实施，整合相关资金，提高资金使用效益。污染防治工程资金包括水污染防治、农村环境整治、水系连通等资金。在地方配套方面，鼓励设立省级生态保护修复专项资金，同时，省、市、县三级政府也应加大本级财政的相关生态保护修复预算安排力度，落实好国家已出台的绿色金融等扶持政策。在社会资本参与方面，鼓励通过 EPC 模式、BOT 模式、PPP 模式，调动社会资本参与的积极性。在公众参与方面，鼓励山水工程拟实施地区，优先招募本地劳动力参与工程建设和管护，发挥好公众的参与权和监督权。

有关建议

针对以往生态工程行业标准体现生态理念不足、治理主体单一等问题，为加强实施方案的制度顶层设计，建议：

第一，加强本辖区行业技术标准或规范制修订。通过山水工程的实施，围绕河道整治"白化、渠化、硬化"等问题，制修订一批符合本地实际、突出生态理念的河道整治、矿山整治修复、地质灾害防治、污水资源循环利用等行业技术标准或规范。

第二，提出多元化投入和建管模式创新措施。通过制定自然资源产权激励政策，探索利用市场化方式，为社会资本投入生态保护修复增加动力、激发活力、释放潜力；通过整县推进、行

◇曾经的科尔沁沙地从黄沙变成绿树成荫。

业打包、以城带乡等方式，创新环境治理投融资方式，撬动社会资本参与。通过加强宣传教育，提高公众生态环境意识，设置水管员、管护员等岗位，引导环保公益组织等措施，示范带动公众参与。

第三，完善生态保护与修复体制机制。通过山水工程的实施，加快推动地方生态保护修复领域体制改革，健全自然资源资产产权制度，建立市场化多元化生态保护补偿机制，推进碳排放权等交易市场建设，探索政府主导、企业和社会各界参与、市场化运作、可持续的生态产品价值实现路径。

第四，探索富有地域特色的生态优先、绿色发展新路子。通过山水工程实施，凭借生态、旅游、文化等资源优势，加快推动生态产业化、产业生态化，打造国内著名旅游目的地和绿色农畜产品示范区，进一步巩固脱贫攻坚成果。把加强流域生态环境保护与推进能源革命、推动形成绿色生产生活方式、推动经济转型发展统筹起来，坚持治山、治水、治气、治城一体推进。大力实施乡村建设行动，持续开展农村人居环境整治，助力美丽乡村建设和乡村旅游发展，不断提高农民群众的幸福感和获得感。

（作者单位：生态环境部环境规划院）

系统观念在抗疫斗争中的贯彻和运用 *

秦书生　　孙梅晓

习近平指出:"党的十八大以来,党中央坚持系统谋划、统筹
推进党和国家各项事业,根据新的实践需要,形成一系列新布局
和新方略,带领全党全国各族人民取得了历史性成就。在这个过
程中,系统观念是具有基础性的思想和工作方法。"这一思想和工
作方法,在党领导的伟大抗疫斗争中得到切实贯彻和充分运用。
这主要体现在如下几个层面上。

一、全局性谋划和部署,统筹兼顾,
全面加强疫情防控工作

疫情防控是一项复杂的系统性工作,要想在疫情防控工作
中取得主动,必须加强全局性谋划,全面部署,全面加强疫情防
控工作。习近平指出:"各级党委和政府必须按照党中央决策部
署,全面动员,全面部署,全面加强工作,把人民群众生命安全
和身体健康放在第一位,把疫情防控工作作为当前最重要的工作
来抓。"

全局性谋划,在把握疫情防控工作全局中推进各项工作。习

---

* 节选自《党的文献》2021 年第 2 期。

近平指出："疫情防控不只是医药卫生问题，而是全方位的工作，是总体战，各项工作都要为打赢疫情防控阻击战提供支持。"疫情防控阻击战是全方位作战，只有充分发挥系统内部诸要素的系统性和协同性，把社会各方面力量全面调动起来，才能夺取抗疫斗争的重大战略成果。

新冠肺炎疫情发生后，以习近平同志为核心的党中央全面统筹谋划，制定了科学合理的战略决策，在把握疫情防控工作全局中推进各项工作。在党中央的统一领导下，各地区成立了党政主要负责同志挂帅的领导小组，启动了重大突发公共卫生事件Ⅰ级响应，打响了疫情防控的人民战争。各地区坚决严格落实早发现、早报告、早隔离、早治疗的防控要求，加强疫情监测，对新冠肺炎患者集中收治、尽全力救治，控制传染源、切断传播途径，步步推进、层层深入，形成了全面动员、全面部署、全面加强疫情防控的战略格局。2020年2月23日，习近平在统筹推进新冠肺炎疫情防控和经济社会发展工作部署会议上指出："中央指导组认真贯彻党中央决策部署，加强对湖北和武汉防控工作的指导和督查。我们举全国之力予以支援，组织二十九个省区市和新疆生产建设兵团、军队等调派三百三十多支医疗队、四万一千六百多名医护人员驰援，迅速开设火神山、雷神山等集中收治医院和方舱医院，千方百计增加床位供给，优先保障武汉和湖北需要的医用物资，并组织十九个省份对口支援。"党中央加强全局性谋划、战略性布局，调动一切可用资源，实施联防联控、群防群治，形成了人人有责、人人尽责和人人担责的疫情防控模式，凝聚了疫情防控的强大合力。

党中央对疫情防控各方面、各层次、各要素进行了全局性谋划，覆盖了医疗卫生、交通、教育等各领域，并注重推动疫情防控各个要素各个环节相互促进、良性互动、协同配合，有效整合各种防控疫情的资源，充分发挥各自优势，同向发力，疫情防控措施注重整体性。比如，社区防控作为疫情联防联控的关键防线，是疫情防控最基础、最重要、最艰巨的工作，是推动防控措施责任落实到最后"一米"的地方，是有效切断疫情蔓延扩散的渠道。社区工作人员在上级领导的指挥下全力投入疫情防控阻击战，形成了全参与、全时段、全方位、全覆盖防控机制，构筑起群防群控的严密防线；在交通方面，疫情发生后，实行对疫情地区交通管控，武汉全面"封城"，网格化管理排查湖北、武汉等重点地区返乡人员并进行隔离；在教育方面，全国大中小学校延期开学，实施线上教育教学，坚决防止疫情在学校发生；在企事业单位方面，相关医疗产品企业提前复工复产，其他涉及重要国计民生的相关企业按防疫要求开展经营活动；在宣传方面，规范和完善了信息发布机制，加强舆情跟踪研判，广泛普及疫情防控知识，引导人民群众正确理性看待疫情，为疫情防控营造了良好舆论氛围。

全面部署疫情防控、打赢疫情防控阻击战，科学技术是关键。"纵观人类发展史，人类同疾病较量最有力的武器就是科学技术，人类战胜大灾大疫离不开科学发展和技术创新。"习近平着重指出，要加大科研攻关力度，科学论证病毒来源，尽快查明传染源和传播途径，密切跟踪病毒变异情况，及时研究防控策略和措施。在此基础上，同时部署疫情防控同科研和物资生产两条战线总体把握、相互配合。"防控新冠肺炎疫情斗争有两条战线，一条是疫情防控第一线，另一条就是科研和物资生产，两条战线要相互配合、并肩作战。"在党中央的坚强领导下，两条战线相互配合，有力地推动了疫情防控形势不断向好的态势发展，使全国抗疫斗争取得重大战略成果。

全面部署，坚持整体防治和重点防控的有机统一。 对于疫情防控工作，党中央时刻根据疫情防控形势的变化不断进行防控战略调整，既总揽全局、协调各方，又重点突破，实现了中央与地方联合防控的有机结合、主战场与分战场的相互配合、重点区域与非重点区域的相辅相成，形成了全国各地共同防控疫情的工作格局和强大合力，突显了疫情防控措施的整体和重点的统一。

早在疫情防控初期，习近平就深刻地指出，"只有集中力量把重点地区的疫情控制住了，才能从根本上尽快扭转全国疫情蔓延局面"，"湖北省特别是武汉市仍然是全国疫情防控的重中之重"，"稳住了湖北疫情，就稳定了全国大局"。也就是说，湖北和武汉是全国疫情防控的主战场，是打赢疫情防控阻击战的决胜之地。因此，党中央周密部署武汉保卫战、湖北保卫战。习近平指示，将防控工作的突出任务放在提高收治率和治愈率，降低感染率和病死率上，集中力量把湖北省特别是武汉市的疫情控制住，以最快的速度有效地控制住疫情。

随着武汉保卫战、湖北保卫战取得决定性成果，境外输入和局部地区聚集性疫情开始显现，疫情防控工作的重点由湖北省和武汉市的疫情防控转化为境外输入疫情防控，转化为本土的黑龙江、吉林、北京、新疆、云南、辽宁、河北等地的局部疫情防控。党中央总是能审时度势，抓住主要矛盾，及时把本土重点地区、

◇武汉重启

重点群体的疫情防控工作作为整个疫情防控工作的重点，同时坚持严防境外输入，不断提高疫情防控的精准性和有效性，实现疫情防控常态化，筑牢外防输入、内控扩散和反弹的安全网。在疫情防控阻击战中，在党中央坚强领导下，各地区准确把握实际，及时明确每一阶段疫情防控的工作重点，不断化解因疫情带来的各种风险挑战。

二、坚持全国一盘棋，统筹各方面力量，协同防控疫情

坚持系统观念，要坚持全国一盘棋，在党中央坚强领导下，更好地发挥各地区各部门的积极性，集中力量办大事。"疫情防控要坚持全国一盘棋"，是习近平运用系统观念，结合实际对疫情防控工作作出的重要指示，这就要求我们在开展疫情防控工作中总揽全局、统筹各方面力量，调动各方面积极性，协同防控疫情。

坚持全国一盘棋，统筹各方面力量支持疫情防控，筑牢疫情防控的坚强堡垒。新冠肺炎疫情发生后，以习近平同志为核心的党中央领导组织党政军民学、东西南北中大会战，提出坚定信心、同舟共济、科学防治、精准施策的总要求，明确坚决遏制疫情蔓延势头、坚决打赢疫情防控阻击战的总目标，坚持全国一盘棋，充分调动全国各方力量，及时制定疫情防控战略策略，精准施策。习近平指出："我们把坚持全国一盘棋、统筹各方面力量支持疫情防控作为重要保障，把控制传染源、切断传播途径作为关键着力点，加强对疫情防控工作的统一领导、统一指挥、统一行动，打响了疫情防控的人民战争、总体战、阻击战。"坚持全国一盘棋、统筹各方面力量支持疫情防控，是开展疫情防控工作的重要战略策略。

党中央是领导疫情防控阻击战的核心。习近平指出："各级党委和政府必须坚决服从党中央统一指挥、统一协调、统一调度，

做到令行禁止。"在党中央的集中统一领导下，各地各部门从全局入手，自觉做到"四个服从"，把党中央对疫情防控的科学部署转化为现实行动，做到令行禁止，保持同中央步调一致、协同抗击疫情的坚持全国一盘棋的防控局面，切实筑牢了疫情防控的坚强堡垒。

坚持全国一盘棋，充分发挥各地区各部门的积极性和主动性，主动作为，协同防控疫情。"疫情就是命令，防控就是责任。"在党中央的坚强领导下，各地区各部门充分发挥积极性和主动性，强化责任意识，主动作为，在疫情防控中，不断深化对疫情传播规律的认识，加强联防联控工作，把各项防控措施落细落实，有效地遏制住了疫情蔓延的势头。长城内外，大江南北，全国人民心往一处想，劲往一处使，各地区各部门把有效防控疫情的传播和扩散当成一项重要政治任务，明确责任分工，积极主动履职，抓好任务落实，切实承担起了"促一方发展、保一方平安"的政治责任。

协同防控疫情，并不是"一刀切"，各地区各部门在贯彻统一部署的基础上，结合当地的疫情防控实际需要因地制宜、完善差异化防控。习近平指出："新冠肺炎疫情发生后，如何在较短时间内整合力量、全力抗击疫情，这是很大的挑战；在疫情形势趋缓后，如何统筹好疫情防控和复工复产，这也是很大的挑战。既不能对不同地区采取'一刀切'的做法、阻碍经济社会秩序恢复，又不能不当放松防控、导致前功尽弃。"2020 年 2 月 12 日，习近平就做好疫情防控工作指出："各个省份及其县区的疫情、发展态势和防控形势是不同的。要按照科学防治、精准施策原则，以县域为单元，分区分级制定差异化防控策略。要科学进行疫情评估，确定不同县域风险等级，据此制定不同区域疫情防控和经济活动措施。"他强调要针对不同区域情况，完善差异化防控，加强力量薄弱地区防控，做到具体问题具体分析，将疫情传播风险降到最低。决不能擅自"加码"，盲目照抄照搬疫情严重地区的管控措施，甚至"层层加码"，相互比"硬"、相互斗"狠"。各地方政府始终切实落实党中央相关防疫政策，在尽可能损害最小的前提下达到最优目标，形成了中央与地方政策的上下协同、部门间的左右联动、境内境外疫情防控内外并举的疫情防控机制，确保疫情防控工作取得实效。

习近平在总结我国疫情防控经验时指出："我们发挥集中力量办大事的制度优势，坚持全国一盘棋，动员全社会力量、调动各方面资源，迅速形成了抗击疫情强大合力，展现了中国力量、中国精神、中国效率。"坚持全国一盘棋开展疫情防控工作，有效保障了人民群众的生命安全和身体健康，充分发挥了中央和地方以及社会各个方面的积极性和主动性，充分体现了我国社会主义制度的显著优势。

三、加强前瞻性思考，补短板、堵漏洞、强弱项，防范化解疫情风险挑战

面对突如其来的疫情，习近平强调，必须加强前瞻性思考，强化底线思维，注意补短板、堵漏洞、强弱项，完善疫情风险防范体系，进一步健全公共卫生应急管理体系，不断提高应急处理能力、疫情防控能力和社会治理水平。

强化底线思维，增强忧患意识和疫情风险意识。突发性传染病传播范围广、传播速度快、社会危害大，是重大的生物安全问题，直接关乎到人民群众的生命安全。习近平指出："我们要强化底线思维，增强忧患意识，时刻防范卫生健康领域重大风险。"早在2018年1月，他就特别讲到，"像非典那样的重大传染性疾病，也要时刻保持警惕、严密防范"。新冠肺炎疫情发生后，全党全国

各族人民上下同心、全力以赴，采取最全面、最严格、最彻底的防控举措，取得了疫情防控阻击战重大战略成果。在来之不易的成果面前，习近平反复强调："针尖大的窟窿能漏过斗大的风。要时刻绷紧疫情防控这根弦，慎终如始、再接再厉，持续抓好外防输入、内防反弹工作。"

新冠病毒疫情对世界格局产生了深刻影响。国际疫情持续蔓延，世界经济下行风险加剧，不稳定因素显著增多。这就要求我们从发展和安全的角度坚持底线思维，时刻准备应对风险。对此，习近平指出："面对严峻复杂的国际疫情和世界经济形势，我们要坚持底线思维，做好较长时间应对外部环境变化的思想准备和工作准备。"

在整体谋划、统揽全局中补短板、堵漏洞、强弱项。在疫情防控工作中找差距、堵漏洞、补短板，才能保证整个疫情防控系统有序推进。疫情防控初期，首先暴露的短板便是基础医疗物资紧缺，医疗资源配置不均衡，防控物资和医务人员短缺，防控检测设备严重短缺。习近平指出："这次疫情暴露出我们在城市公共环境治理方面还存在短板死角，要进行彻底排查整治，补齐公共卫生短板。""要系统梳理国家储备体系短板，科学调整储备的品类、规模、结构，提升储备效能。要优化关键物资生产能力布局，在关键物资保障方面要注重优化产能的区域布局，做到关键时刻拿得出、调得快、用得上。"这次新冠肺炎疫情防控，是对治理体系和治理能力的一次大考，习近平多次强调，要放眼长远，总结经验教训，"针对这次疫情暴露出来的短板和不足，抓紧补短板、堵漏洞、强弱项，该坚持的坚持，该完善的完善，该建立的建立，该落实的落实"，为保障人民生命安全和身体健康筑牢防线。

不断完善我国重大疫情防控与应急体系、构建起强大的公共卫生体系，从制度上防范化解疫情风险挑战。习近平指出："只有构建起强大的公共卫生体系，健全预警响应机制，全面提升防控和救治能力，织密防护网、筑牢筑实隔离墙，才能切实为维护人民健康提供有力保障。"以习近平同志为核心的党中央坚持于危机中育先机、于变局中开新局，强调既坚持查漏补缺、精准补齐短板，又坚持长远布局、整体谋划，不断完善我国重大疫情防控与应急体系、构建强大的国家公共卫生体系。这主要体现在八个方面：第一，改革完善疾病预防控制体系，建立稳定的公共卫生事业投入机制；第二，加强监测预警和应急反应能力，把增强早期监测预警能力作为健全公共卫生体系的当务之急；第三，健全重大疫情救治体系，优化医疗资源合理布局；第四，深入开展爱国卫生运动，推动从环境卫生治理向全面社会健康管理转变，全面改善人居环境；第五，发挥中医药在重大疫病防治中的作用，深入研究中医药管理体制机制问题，加强对中医药工作的组织领导，推动中西医药相互补充、协调发展；第六，完善公共卫生法律法规，普及公共卫生安全和疫情防控法律法规，推动全社会依法行动、依法行事；第七，发挥科技在重大疫情防控中的支撑作用，加大卫生健康领域科技投入，深化科研人才发展体制改革；第八，加强国际卫生交流合作，提升我国在全球卫生治理体系中的影响力和话语权，共同构建人类卫生健康共同体。

四、加强国际抗疫合作，同舟共济，携手共抗疫情

整个世界是相互联系的整体，也是相互作用的系统。新冠肺炎疫情给世界各国人民生命安全和身体健康带来严重威胁，对世界经济造成严重冲击。习近平多次强调，病毒不分国界、不分种族，全人类只有共同努力，才能战胜之。国际社会应当秉持人类命运共同体理念，同舟共济抗击疫情。

面对新冠肺炎疫情对全球公共卫生安全提出的挑战，国际社

会应当树立人类命运共同体理念，精诚合作、共克时艰，同舟共济抗击疫情。习近平指出，"人类是命运共同体，团结合作是战胜疫情最有力的武器"，"无论是应对疫情，还是恢复经济，都要走团结合作之路，都应坚持多边主义"。当今人类社会相互依存日益加深，共同挑战日益凸显，共同利益日益增多，共同发展日益必要，共同繁荣日益成为各国的普遍要求。新冠肺炎是全人类共同面临的疫病，单打独斗、袖手旁观并非解决问题之道。人类共处于一个地球，人类命运已经紧密地联系在一起，病毒一旦威胁全球，任何国家都不可避免地受到损害。因此，秉持构建人类命运共同体理念、加强国际合作抗击疫情是必然选择。

习近平指出，"公共卫生安全是人类面临的共同挑战，需要各国携手应对"，"病毒没有国界，疫情不分种族。在应对这场全球公共卫生危机的过程中，构建人类命运共同体的迫切性和重要性更加凸显"。类似新冠肺炎疫情的突发公共卫生事件绝不会是最后一次，人类面临的所有全球性问题，必须开展全球行动、全球应对、全球合作。习近平指出："中国始终秉持构建人类命运共同体理念，既对本国人民生命安全和身体健康负责，也对全球公共卫生事业尽责。"因此，中国倡议国际社会加快行动，在卫生领域开展广泛的国际合作，共同抗击新冠肺炎疫情。

在新冠肺炎疫情在全球蔓延之际，中国为全球疫情防控与公共卫生治理提供中国方案、中国经验，共同构建人类卫生健康共同体。面对新冠肺炎疫情在全球持续蔓延，习近平指出，"中国同世界各国携手合作、共克时艰，为全球抗疫贡献了智慧和力量"，"中方秉持人类命运共同体理念，愿同各国分享防控有益做法，开展药物和疫苗联合研发，并向出现疫情扩散的国家提供力所能及的援助"。中国坚持把中国抗击疫情放在国际联防联控系统的高度，与世界各国携手共同应对疫情，同众多国家一同编织疫情防控的安全网，阻止疫情在全球范围蔓延，汇聚起国际社会携手抗

◇ 2020 年 4 月 15 日，中国赴沙特阿拉伯抗疫医疗专家组启程。

击疫情的强大合力，共同致力于维护全球公共卫生安全。中国积极支持开展国际防疫合作，分享防控和救治经验，尽己所能为有需要的国家提供大量支持和帮助。中国倡议，国际社会只有加大对世卫组织政治支持和资金投入，全面加强国际防疫合作，调动全球资源，才能早日取得人类抗击新冠疫情的胜利。

总之，面对疫情给我国和全球公共卫生安全带来的巨大挑战，面对疫情给人民生命安全和身体健康带来的巨大威胁，以习近平同志为核心的党中央坚持系统观念，立足全局，着眼大局，统筹疫情防控和经济社会发展，带领全国各族人民经受住一场艰苦卓绝的历史大考，取得了抗击新冠肺炎疫情斗争的重大战略成果，使我国在疫情防控和经济恢复上都走在世界前列，显示了中国的强大修复能力和旺盛生机活力。

（秦书生，东北大学马克思主义学院教授；孙梅晓，东北大学马克思主义学院博士研究生）